U0158536

茶禅一味

日本的茶道文化

靳飞 著

中国社会科学出版社

图书在版编目（CIP）数据

茶禅一味：日本的茶道文化／靳飞著．—北京：中国社会
科学出版社，2021. 10

ISBN 978 - 7 - 5203 - 8839 - 9

Ⅰ.①茶…　Ⅱ.①靳…　Ⅲ.①茶道—茶文化—日本
Ⅳ.① TS971.21

中国版本图书馆 CIP 数据核字（2021）第 155520 号

出 版 人	赵剑英
责任编辑	夏　侠　李凯凯
特约编辑	王亮鹏　高一丁
特约策划	贵阳贵樱咨询服务有限公司
责任校对	芦　苇
责任印制	王　超

出　　版	中国社会科学出版社
社　　址	北京鼓楼西大街甲 158 号
邮　　编	100720
网　　址	http://www.csspw.cn
发 行 部	010 - 84083685
门 市 部	010 - 84029450
经　　销	新华书店及其他书店

印刷装订	北京君升印刷有限公司
版　　次	2021 年 10 月第 1 版
印　　次	2021 年 10 月第 1 次印刷

开　　本	710 × 1000　1/32
印　　张	8.25
字　　数	145 千字
定　　价	48.00 元

序

....

靳飞的《茶禅一味》就要上梓，特嘱我作序，深感荣幸。细说起来，和靳飞的交往已有 20 余年，与这本书我也算有渊源。话要从和靳飞的相遇说起。

1998 年，经日本著名汉学家刈间文俊介绍，在北京和靳飞相识。彼时靳飞其人风华正茂，正如其微信昵称，整个一翩翩"前世佳公子"，精干的身材，身着深色西便装，头戴一项日式礼帽，优雅地递上名片。名片上的两行字至今记忆犹新："中日祖传票友，两京盛世闲人"。交谈得知他如今旅居日本，酷爱传统戏剧，热心文化交流。日后交往渐多，愈发觉得这个名片和他京城遗少的风格非常契合。

彼时我刚刚接手负责日文月刊《人民中国》的编务工作，正在广交人脉。与靳飞话语投机，很快成为朋友。对于《人民中国》以文化人的定位，靳飞深以为是，经常给我出主意，帮我扩人脉。那时候湖广会馆的戏楼是我们常见面的地方。张中行、吴祖光、梅葆玖等人都与他是忘年之交，是这里的常客；日后靳飞策划坂东玉三郎版的昆曲《牡丹亭》就在这里上演。后来我工作访问日本，靳飞在扩展人脉方面依旧给我很大帮助。记得一日正在京都见读者，忽然接到他从东京打来电话，热情引荐我拜访一位和中国现代史关系密切的人物后人，主人老屋的墙上赫然悬挂着当年孙中山的题字"辅车相依"；还有一次我因工作来东京，靳飞特地安排他熟悉的香道朋友，在浅草传法院专搞了一场香会，焚了一炉"有邻香"……。

他对茶道、香道、花道、能乐、歌舞伎、日本寺庙的知识样样精通，而且善于比对中国文化做深入思考，每每谈及起独到见解都令我称奇。他告诉我近来对茶道与中国禅宗文化的关系思考了很多。我建议他把这些东西写下来。大约在2001年底，他欣然应允了我的约稿，于2002年2月号开始了在《人民中国》上题为"清风茶话"的专栏。6月号的第五篇他用的标题便是"茶禅一味"。当时这些稿子以随笔形式写就，文章结构精干，话题比较宽泛。专栏持续一年，引起读者广泛关注，不少人来信猜想作者一定是一位资深长者所为。而我则为发现一位有深厚文化底蕴的"京城遗少"出山执笔颇感得意。这就是今天这本书的滥觞了。20 年过去，日本已从平成入令和，中日关系也发生了重大调整。这部书是在 2003 年国内出版的基础上修订再版，内容有了更多丰富，思想也更加形成体系。如今嘱我作序，一感渊源，二感沧桑，难辞美意，勉力为之。

这本书经过近 20 年重新出版，基本核心内容并无改变。用靳飞自己的话说，"文化这东西不能随波逐流，有其变的一面，也有其不变的一面；在其变的时候要兼顾其不变，在其不变的时候要格外关注其变化的一面。"

我感到的变化是，结构更加清晰自洽了。全书共分七个章节，起承转合一气呵成。从川端康成对现代茶道的警告说起，切入茶禅的东传与日本学习宋文化的肇始；从北山文化背景下五山禅僧与一休和尚的博弈引出茶道的开山祖村田珠光；又从将歌道融于茶道的武野绍鸥及其美学过渡到日本中世转型时代的茶道集大成者千利休对茶道艺术的完善定型，将整个日本中世时期的历史、文化、思想、艺术的发展形成做了思路清晰的梳理与分析，并将他的最新研究与发现融入其中，以鲜明的问题意识导向引领全书，最后落笔于对现代茶道的思考。

得益于问题意识导向引领，靳飞在这本书中的思考没有停留在考据式的学术价值上，而是打通文、史、哲、美各个领域，纵横捭阖，驰骋想象与推理，对以往的研究有所突破，得到了许多观点的、价值的和应用的新发现。

通过对川端康成《美丽的日本和我》对现代茶道提出的批评，靳飞悟到"在禅宗里的茶道跟不在禅宗里的茶道不是一回事"。因此他对丰臣秀吉式的茶会和现代茶道中某些舍本求末的做法持否定态度，对于试图刻意地把含有特定精神传统文化与时俱进地进行现代化改造保持警惕，但他并不排斥对传统文化进行现代性提炼。他认为，赋予茶道以现代性，保证了茶道能生存于今日日本社会。

他认为来自中国的南宋文化对日本中世文化产生了决定性影响。他发现，镰仓幕府建立后历史出现大转折，文化亦随之转型。平安朝文化贵族色彩过浓，新兴的武士阶层望尘莫及；新的社会经济制度也呼唤与之相适应的新文化。正当此时，把同时期背景相似的南宋文化移植到日本简直如同天造地设。南宋时期中日间的交流远较北宋更为频繁，正是支持靳飞这一观点的有力证据。正是在中世，日后的各种日本文化最终定型。而其源头可以上溯到荣西将茶与禅西传到日本。靳飞甚至发现，形成于世阿弥的"幽玄"美学，根源也来自临济宗创始人临济义玄禅师。他得出结论说，"宋以后，从荣西到隐元决定了今天日本文化的基础。今天日本文化的基础就是日本中世文化。"这种观点甚至给日本重要的政治家带来了启迪和影响。

为什么茶道根在中国，却没有发生在中国？靳飞认为，在中国禅宗融于理学，"理"很容易被精英阶层接受，但却不易向全社会普及。而西传而来的禅宗在日本衍生出各种"道"，这些"道"是日本了解宋文化的渠道。因此"道"在日本只解释成路。这使得日本在学习中国精深的宋文化过程中搞出一系列贯之以"道"的东西，最后演变成日本独特的形式。形式是日本的，是学习中国文化的途径。这个分析令人豁然开朗。中国的理学是本土原创，主要靠"悟原理"，"理所当然"；日本学习则要借助路径与程式化的仪式，"由道及理"。道理，道理，原来如此！

此书击节之处多多，千利休一章可谓点睛。在这一章里，靳飞不惜笔墨生动地描写并深刻地分析了千利休与丰臣秀吉的相爱相杀。战国与织丰时代，新的变局正在日本酝酿，日本商品经济发达，新兴城市自治化深化，大名与佛教宗派的关系处于调整期。在靳飞看来，丰臣秀吉以及土豪风格浓厚的安土桃山文化，都不过是为新潮流的商业革命做的一场浩大广告。千利休出生于商贸活跃的堺市，在商品经济高速起步时代，又遭逢统一天下的强权者丰臣秀吉，其生可谓不占天时、地利与人和；但正是这样的逆境成就了他的艺术得以超越时代，永垂不朽。

利休和秀吉之间那段剪掉一片只留一朵白色牵牛花插入暗淡的壁龛花瓶的故事，令人感悟茶道活动中禅宗思想对于人生的警醒，以及茶道本身异常丰富的精神世界。这是多么超前的行为艺术和装置艺术啊。

利休的想象力还表现在对日常生活场景的借用。据说利休某日乘船，发现船舱的门很小，人们弯着腰出入，利休以为有趣，就将船舱门移到茶室，做成边长约七十几厘米的正方形入口，做法也是仿效船舱门的样子。靳飞以同样丰富的想象力推论，利休一定受了所谓"几世修得同船渡"说法的启发，暗示自此船舱门进去，主客即有"同船"的意味。

靳飞认为，在思想层面上，千利休作为最终定型茶道的大宗师，确立了茶道的基本精神。绝对主观和绝对客观的针锋相对的人，同处陋室共喝一碗茶，他以这种方式否定了二元对立。这在日本文化上代表了一种思想的转变。

他还认为，在美学层面上，利休茶道表现为主客观统

一，或说超越主客观的审美观。就是说，将人的主观内在的
精神理念转化为外在现实，人由此得以在这种外在现实中确
认这种精神理念，并由此产生审美；美因此是主客观相互作
用的结果。

靳飞的这本书不是写给日本读者的，而是写给中国读者
的。宋文化是今天中国传统文化的基础。日本对中国传统文
化的借鉴，值得中国现代社会去重新思考传统文化，真正认
识到当今中国文化的源头与价值。"要懂得日本文化，先要
懂得中国文化；要反思中国传统，应来参照日本文化。"就
中日文化走出近代阴影问题，靳飞的建议是：日本重新发现
中国，中国真正了解日本。

就茶道本身而言，靳飞主张不管时风如何改变，不应
随意改动千利休的茶道精神。他看到，在精神世界里，主观
的雪月花与客观的雪月花，此喜彼悦，交相辉映。他进而谈
及他的文化发展观：无论是传统文化再生，还是新文化的确
立，其实都是如茶道之"道"，用日本通常的解释，就是"路"
而已。路不是目的，目的是走下去。

今年恰逢鲁迅小说《故乡》创作100周年，小说结尾那
句"其实地上本没有路……"正和靳飞的认识异曲同工。面
对百年变局，世界迷失了方向，彼此的价值观说服不了彼

此，探索以"道"求"理"寻共识，正是今天世人面对的课题。这种情况下感悟千利休的智慧，体会茶禅一味的意境，不正是此书的当下意义所在吗？

王众一识于北京石景山山水窟

2021 年 9 月 5 日

第一章

川端康成对现代茶道的警告

《千羽鹤》否定现代茶道

在幽美的日本艺术传统中完成了自己对美的认识，并且把自己所认识到的美予以了成功表现的作家川端康成（1899—1972），在他的著名演讲《美丽的日本和我》里，不知不觉间忽然就用了带些焦躁的语气，说到了为他赢得诺贝尔文学大奖的小说《千羽鹤》。这部小说所展现的日本茶道世界和茶人心境曾令众多读者为之神往。然而，川端却在演讲中说：

> 日本茶道的根本内涵，也是"雪月花时最思友"，茶会就是"幸会"，就是佳期良友聚集在一起的盛会——因此，如果将我的小说《千羽鹤》读解为描写日本茶道的精神和形式的美，那就是一种误解——准确的说，它是一部否定现在已经变得恶俗的茶道，并对其表示怀疑

和警告的作品。（黎继德译）①

　　川端康成是在 1968 年出席诺贝尔文学奖颁奖仪式时讲的这番话。小说《千羽鹤》的创作则是在 1949—1951 年间。这就是说，至少在前后二十年中的茶道活动，都被包括在"变得恶俗"范围内，受到了川端的怀疑和警告。而自川端发出警告，迄今又有五十余载，据云现今日本从事茶道者已有五百万之众，街巷里常能看到各种流派的茶道教室，电视里总在播放茶道讲座，茶道书更是随处可见，茶道无疑仍然兴旺——或许还可称是空前兴旺。我们无法知悉川端的《千羽鹤》是否发挥警告作用，但从另一面说，虽然严厉的批评

---

　　① 川端康成这段话尤为重要，所以要多引几种译文作为参考。
　　叶渭渠译文：
　　日本的茶道也是以"雪月花时最怀友"为它的基本精神的，茶会也就是"欢会"，是在美好的时辰，邀集最要好的朋友的一个良好的聚会。——顺便说一下，我的小说《千羽鹤》，如果人们以为是描写日本茶道的"精神"与"形式"的美，那就错了，毋宁说这部作品是对当今社会低级趣味的茶道发出怀疑和警告，并予以否定的。
　　乔炳南译文：
　　日本的茶道，也是以"雪月花时最怀友"为其根本精神。"茶会"也就是"感会"，是在最好（美）的时候，集合最好的朋友们的一个聚会。——因而我要在这里附带说明，我的小说《千羽鹤》，如果认为那是对日本茶道的"心"与"形"的美之描述，就不对了，宁可说那是面对着现世俗恶化了的茶道，发出了怀疑和警惕，而予以否定的一部作品。

1968 年川端康成在诺贝尔文学奖颁奖仪式上演讲

来自地位显赫的川端康成，却亦未能对所谓"现代茶道"构成多么沉重的打击。这个格局也是非常日本式的——日本人尤其擅长回避对于是与非的判断，他们完全可以做到在川端与"现代茶道"之间自如周旋，既保持着对川端康成及其《千羽鹤》的尊敬，但也仍然热衷于川端所斥责的"现代茶道"。

回避是与非的判断，这应说是日本人特有的一种智慧。事实上，从教条出发或以一时的观念，即要对于是与非做出判断，这无疑是危险的，而武断更几近愚蠢。所以，日本人的做法并不是不可取。

问题是，半个世纪过去，时至今日，我依然觉得在川端与"现代茶道"之间，实在是一桩难以做出恰当评价的公案，甚至是愈发感到困惑起来。这时想到茶道大师千利休（1522—1592）晚年的名言，"吾死以后，茶道衰微"，这岂非是连川端及其《千羽鹤》都嘲笑在内了吗？想到这里，笔者不揣冒昧，决心对于日本茶道文化予以探究，是为写作此书的目的。

我们暂且将川端康成与"现代茶道"的是非搁置一旁。川端确实是一位感觉细腻而敏锐的作家，正因为其感觉的细微而敏锐，使他能够及时地意识到茶道的变化。茶道的发展在"二战"结束后出现转折，步入了一个新的历史阶段。我们暂且还没能找到合适的词汇，只好勉强称之为"现代茶道"；相应地，"二战"之前的茶道也就成为"传统茶道"。当然，这种划分法未免草率，但此时亦不必细论了。我所注意的是，川端的话，其实是正说在了"传统茶道"与"现代茶道"的交接处。

这并非是说川端康成的先知先觉。日本在"二战"后的美国占领时期，被强制推行全面的政治社会经济制度改革，日本社会骤然巨变，则随之而来的文化的变化是不可避免的。川端本非属于纯粹的传统，其早已戴上了一副明治维新以来的近代的眼镜，只是他从这副眼镜中反而发现了传统的日本美，他也相当忠实于他所发现的这种美；当他敏锐地感觉到这种美面临动摇的危机，不由自主地以绝大的勇气要挺身护卫。

川端的弟子，同样是著名作家的三岛由纪夫（1925—1970）曾在《永恒的旅人——川端康成其人及作品》一文中说过：

> 战争结束时，川端氏说了这样一句意味深长的话："今后我恐怕只能吟咏日本的悲哀，歌颂日本的美了。"——听起来这宛如一管笛子在悲叹，它搏击着我的心。

三岛的话，还要配上加藤周一（1919—2008）的评论作为注解。加藤在《永别了，川端康成》一文中指出，川端康成认为的美，是"这世间不存在的"，是"到了悲哀程度的"；所以，川端康成之美，是特殊的日本美，而日本美并不就等于是川端之美。加藤说：

> 川端康成发展了日本文化的一个传统，实现了一

个可能性，但他没有从理性上反省地理解日本文化的整体。相反地，却十分精致地对部分的日本文化赋予了直接的、感觉的生命。

在加藤周一的解读下，川端康成的《千羽鹤》的故事就成为：

> 川端小说里还把大自然的美，陶瓷品的美，女人的美，写成都是同样的美。川端写的"白瓷的釉里泛起微微的红，冰冷的微温，艳泽的肌肤"。在作品中，主角跟这个被写成像陶瓷一般，连意识也不曾存在的年轻女人度过了一宵。川端把陶瓷写成了人，把人写成了陶瓷。

在加藤周一的点拨下，我们更清楚地看到，川端就是如此这般地把一个如美瓷样的美女形象，置于他的"传统茶道"世界，从而使这个世界出现了一个虽活生生而根本无法触摸到的生命。这个生命却与其存在的"世界"交相辉映，而构成奇异绚丽且精灵闪烁的、川端康成的日本之美。

可惜的是，就在川端发现了这种美的存在之时，他几乎同时也发现了这种美正在覆亡。譬如"现代茶道"与川端的"把陶瓷写成了人，把人写成了陶瓷"的意象相比，就显得日益恶俗。而种种诸如"现代茶道"般的"恶俗"，随着文化的变化，其势竟如雨后春笋。这样的现实，令川端心底产生出一种强烈的、不归的哀伤。这种哀伤，深深刺痛了川端康成。

高贵而腴润的美女之死

············

川端康成是在 1972 年 4 月樱花开得正灿烂的时候自杀的。逝前,他动手写一篇关于昭和初期女作家冈本鹿子（1889—1939）的文章,文章没能写完,留下的是残稿。川端说:

> 冈本鹿子,纵然眼泪流到颊上,自己似乎也不在意,既不拭,也不藏,堂堂地面对着面哭,看起来,她的饮泣并不悲伤,却反而予人以无垢之感。即或是为了不值得的事情饮泣,她的脸也是值得看的,这对鹿子的一向爱化浓妆是很不利的。然而仔细看来,那确是天真无邪,丰盛美丽的,如果一放声哭起来,就更变成个童女型的观音脸了,在清净里有时会浮现出甘美。和她的作品中的美女们同时浮现在我脑海里的,就是鹿子这张大大的哭脸了。虽然流着眼泪,却会轻易透出微笑。像

这样硕大丰盛而深奥的女性，今后在文学世界里，到什么时候才能再度出现？我不禁为伊人之死而惋惜了。

年年增汇伤心泪

岁岁丽华益晚香

这是她的名短篇《老妓抄》中的一首和歌，鹿子的作品，便完全都是这样的生命之赞歌。鹿子作品中的女性，永远是"恋人"和"母性"的象征，放射出浸润着宗教的顶光，具有缥渺慈悲的光环和暧昧肉感的蛊惑。鹿子所追求的是高贵而腴润的美女。这些美女令人觉得是放出了"死"或"灭"的生命之极光。鹿子的大部分小说的顶峰，都像是天庭突开，激射出了电光，那是凄艳的战栗，也是崇高的启示，还有……（乔炳南译）[①]

这是川端康成的绝笔，通篇满含着如上所说的不归的哀痛，与其说川端是在哀叹冈本鹿子，莫若说更像是川端夫子自道。无论是川端还是冈本，以及他们作品中那些高贵而腴润的美女，都在此刻释放出"生命之极光"，终于，川端禁

---

① 乔炳南先生是位老华侨，曾任京都帝塚山大学教授，旅居日本五十年。他与川端康成有过交往，还通过信，可惜这些信件后来被老先生卖掉换酒喝了。这是乔先生亲口对我说的话。

不住这样的吸引——或者说是毁灭，毅然掷笔，将自己的肉体丢弃不管，以灵魂殉美。

此亦即陈寅恪《王观堂先生挽词并序》所谓：

> 凡一种文化值衰落之时，为此文化所化之人，必感苦痛，其表现此文化之程量愈宏，则其所受之苦痛亦愈甚；迨既达极深之度，殆非出于自杀无以求一己之心安而义尽也。

换用陈寅恪先生的讲法，川端康成所表现之宏大程量之文化，约是怎样的形态呢？我们的话题重新回到茶道。川端在其《美丽的日本和我》演讲中，是这样描述他心中的、与"现代茶道"截然不同的日本"传统茶道"：

> 崇尚"和敬清寂"的茶道所敬重的"古雅、闲寂"，当然是指潜在内心底里的丰富情趣，极其狭窄、简朴的茶室反而寓意无边的开阔和无限的雅致。
>
> 要使人觉得一朵花比一百朵花更美。千利休也曾说过：盛开的花不能用作插花。所以，现今的日本茶道，在茶室的壁龛里，仍然只插一朵花，而且多半是含苞待

放的。到了冬季，就要插冬季的花，比如插取名"白玉"或"侘助"的山茶花，就要在许多山茶花的种类中，挑选花小色洁、只有一个蓓蕾的。没有杂色的洁白，是最清高也最富有色彩的。然后，必须让这朵蓓蕾披上露水。用几滴水珠润湿它。五月间，在青瓷花瓶里插上一株牡丹花，这是茶道中最富丽的花。这株牡丹仍只有一朵白蓓蕾，而且也是让它带上露水。很多时候，不仅在蓓蕾上点上水珠，还预先用水濡湿插花用的陶瓷花瓶。

在日本陶瓷花瓶中，格调最高。价值最贵的古伊贺陶瓷（约15—16世纪），用水濡湿后，就像刚苏醒似的，放出美丽的光彩。伊贺陶瓷是用高温烧成的，燃料为稻草，稻草灰和烟灰降在花瓶体上，或飘流过去，随着火候下降，它就变成像釉彩一般的东西。这种工艺不是陶匠人工做成，而是在窑内自然变化烧成的。也可以称之为"窑变"，生产出各式各样的色调花纹。伊贺陶瓷那种雅素、粗犷、坚固的表面，一点上水，就会发出鲜艳的光泽，同花上的露水相互辉映。茶碗在使用之前，也先用水湿过，使它带着润泽，这成了茶道的规矩。（叶渭渠译）

川端康成又是用了他惯写美女的精致笔法，描写"传统茶道"之美，鲜花露水陶瓷釉彩在其笔下俱有生命。凡物皆有其生命，这是日本人的普遍认识，不知是否是神道教的影响。但从这些"生命"中发现美，则是川端的慧眼。虽然加藤周一评论说，川端没有能从理性上反省地理解日本文化的整体——这种评论亦未免苛刻。作为异国的我，已然是深为川端之日本美而感动。在我看，川端之美，至低限度也是传统与现代之间，以及异文化之间，一条鲜艳引人的纽带。

第二章

茶禅的东传开启学习宋文化之门

从京都走入日本中世

带着川端康成给我们的感动去探寻日本传统茶道的世界，假如我们相信那种往昔之美尚能有些影像留存至今的话，要想寻觅到这些影像就最好是到京都去。

为省时而又不至于印象杂乱，也因为经常陪同中国来的友人访问而得出的经验，我归纳出四条游览京都寺庙的路线。

第一条是历史路线。按照日本历史发展顺序把寺庙串接起来，看庙即如读史。譬如从显示足利幕府第三代将军义满雄视天下的豪情的金阁寺，看到足利幕府势力江河日下、回响着第八代将军义政的叹息声的银阁寺。

第二条是佛教路线。如比睿山延历寺为日本天台宗祖庭——日本称大本山或总本山。知恩院为净土宗祖庭。醍醐寺是真言宗醍醐寺派祖庭。还有京都"五山"及神佛习合、神佛分离时代的诸多遗迹。

京都南禅寺三门

第三条是文化路线。王国维说一代有一代之文学，在京都就是一代有一代之寺庙。京都寺庙多集宗教、政治、经济、哲学、美学、文学、艺术、建筑于一身，是一个时代文化的综合表现。如金阁寺是足利义满时期北山文化的代表，银阁寺是足利义政时期东山文化的代表，还有南禅寺、天龙寺、相国寺等寺的"五山文化"，西本愿寺的桃山文化，等等。

第四条是风景文物路线。前三条路线的寺庙还是有数的，唯此条路线是无数的。随便说来，如仁和寺看樱，东福寺红叶，西芳寺青苔，天龙寺庭院，龙安寺大仙院的枯山

京都三十三间堂

水，三十三间堂的千手观音，高山寺的《鸟兽戏画》，清水寺的舞台，妙心寺的梵钟，南禅寺东福寺知恩院三寺宏伟的山门，诗仙堂的中国三十六诗仙像，等等，等等。顶好是请一位相声演员编上一段《京都佛寺地理图》来介绍。

这四条路线中，第四条风景文物路线最受现代日本人欢迎。每到春秋两季，特别是樱花开放的阳春和红叶正好的深秋，京都都要翻起人潮，住店难，吃饭难，走路也难，到处都是口中喊着"美呀！真美呀！"的从各地赶来的日本游客——日本人对京都的热情实则是一种崇拜，不是一般爱好京都的异国人所能比拟的。但是，季节甫过，人潮即退，京都城又像是一座送走了香客的大庙般的沉静。

因为有这种过于鲜明的"最喜欢""最受欢迎"，那三条线路遂觉出些冷落。其中最冷落的，又莫过于文化路线。大多数日本人都能知道北山文化、东山文化这些名词，可很少有人能讲出这些名词所包含的内容；甚至他们对于这些文化的内容本就是缺乏基本关心的。坦诚地讲，我始终没能弄清楚日本人到底对文化是怎样的看法——中国人访日之后常有的一种印象，认为日本人对于文化的重视程度似在中国之上；我可能是住久了的缘故，反是时常感到日本人对文化有种无不古怪的冷漠。他们对于文化，好像是家里的旧物，虽认真保存不肯随便丢掉，却也常忽视它们的存在而不去做必要的整理。

由此说到日本的茶道。茶道既可以说是一种文化，又可以说是一种艺术。现在的趋势是越来越倾向艺术化了，正如京都的风景文物路线似的，直接就能欣赏得到，要置身其间亦未必怎样难。但作为文化的茶道，其综合性极强，涉及宗教、哲学、美学、美术、书法、历史、建筑、工艺、中日交流等诸多方面的内容。很多人因此望而止步，不去深究了。所谓茶道文化，在日本也是缺乏整理的。

　　然而，作为日本人或者可以满足于这种茶道艺术，但像我一样的外国人则最初难免莫名其妙，只觉得不胜烦琐；偶尔像看戏似的观摩一次也还罢了，若要自己去动手，就只好打退堂鼓了。因为无法深刻知道其中的好处。

　　所以，外国人要了解日本茶道，还是必要从茶道文化入手。问题是，要了解别国的文化，却是何等困难的事情！我其实是顶不赞成人人都去做什么文化交流的使者的，那最容易让各种文化都变得浅薄无趣。异文化间交流最应以使他人了解自己文化精妙之处为第一要务，这正是需要长期花大力气来做的。茶道文化无疑是日本文化精妙之所在，我对自己是否具备介绍茶道文化的资格是毫无把握的，只是因为自己的主张而不得不勉为其难。否则，我是宁可开门见山从烧开水洗茶碗开始，也绝不敢直入京都这座大门。

中日一段历史二重唱

从京都这座大门我们首先要回到日本的中世。所谓中世，是指从 12 世纪镰仓幕府时期至 17 世纪初德川家康建立德川幕府止，约相当于中国的南宋、元、明三朝。这里先要叙说一段中世开始前后的日本历史。

公元 1180 年至 1185 年，日本爆发了源氏和平氏两大军集团的战争，这场源平之战成为日本历史的重要转折点，日本的政治社会经济制度因此发生了巨变。战争中获得胜利的源赖朝（1147—1199）于 1192 年被朝廷赐予"征夷大将军"称号。以源赖朝为领袖的军事集团在远离京都的镰仓建立了京都朝廷以外的又一个国家行政机构——幕府。京都朝廷所具有的职能逐渐被军事集团的幕府所吸收，日本开启了长达百年的幕府制历史时期。当此历史呈现大转折之际，也是历史最为复杂多变、动荡迷乱多姿的阶段；这又令这段历史具有一种特别的充满浪漫的魅力，日本戏剧与文学作品就常以这段历史为题材。源赖朝也因其少年时即遭平氏流放等曲折经历而成为传奇英雄。

可惜源赖朝英雄只一世。他去世后，他的夫人北条政子（1157—1225）利用北条家族外戚控制了幕府，幕府将军又被架空，权力落入北条氏之手。北条氏利用"执权"的名义代替了将军对幕府的领导，并且世袭至镰仓幕府结束。所以，源氏的镰仓幕府，事实上就是北条幕府。历史更为令人不可捉摸的是，北条氏是源氏死敌平氏的血统。

在京都朝廷那边，问题比幕府还要复杂。自公元9世纪起，贵族藤原氏就不断把女儿嫁给天皇，获得外戚身份；随后就以外戚身份任"摄政"或"关白"，专擅朝纲，直至废立天皇。这样，在天皇与藤原氏周边就各自形成一个政治集团，明争暗斗不歇。白河天皇（1053—1129，其中1072—1086年在位）为了摆脱藤原氏的控制，别出心裁地让位给堀河天皇，自己则以"上皇"的名义听政，与藤原氏相抗衡。上皇的诏令，其效力胜过天皇诏令。此后这种上皇听政的做法成为惯例，日本史称之为"院政"。有的时候上皇还出家，改成"法皇"。结果，时常就出现这样的情况，同时存在天皇与多位上皇、法皇，他们之间又产生出种种矛盾。藤原家族受"院政"打击势力有所下降，但他们仍然把持着摄

源赖朝画像

政、关白的位置；不过其家族内部亦开始分裂，解体作五个系统。

源赖朝死后，京都的后鸟羽上皇（1180—1239，其中1183—1198年在位）天真地认为打击幕府、恢复皇权的时机到了，轻率地于1221年发动起倒幕战争。但是，源赖朝果敢坚毅的遗孀北条政子出面，领导幕府迅速将朝廷的军队予以围剿，后鸟羽上皇等三位上皇以及跟随他们的一批朝臣被流放荒岛，天皇集团因此次倒幕的失败而元气大伤。

正所谓无巧不成书吧。日本的这段历史和中国南宋的历史竟然是出奇地相似。南宋时期，中国北方相继兴起辽、金、蒙古等强大的少数民族军事政权，正像是日本在朝廷以外存在着的幕府。南宋王朝内部，皇位多次内禅，太上皇、皇后、皇太后，甚至太皇太后都来参与朝政；同时又不断有类似藤原氏一样的权臣弄权。具体些说，南宋高宗禅位孝宗，孝宗禅位光宗，光宗禅位宁宗；光宗后李氏干预朝政而致孝光两帝不睦，宁宗后杨氏于理宗朝垂帘听政，理宗后谢氏则垂帘直至南宋覆亡。权臣方面则先后有秦桧、韩侂胄、史弥远、贾似道诸相，他们也多具外戚身份。

中日历史竟在此际演出了一段奇妙的二重唱。

这段二重唱的出现对于中日文化交流具有重要意义。从文化角度来看，日本从 3 世纪开始对中国文化进行吸收仿效，迄至源赖朝建立镰仓幕府前的平安时代为止，可以视作学习中国汉唐文化的阶段。在这漫长时间的学习消化基础上，结合日本的特色，终于结出了硕果，创造出灿烂辉煌的平安朝文化。到了镰仓幕府建立之后，历史出现大转折，文化史亦随之发生转折。平安朝文化毕竟贵族色彩过于浓厚，新兴的统治阶层的武士阶层未免望尘莫及；而新的社会经济制度也在呼唤与之相适应的新的文化。正当这时，把在与日本类似的南宋政治背景里发育起来的南宋文化移植到日本，真是如同天造地设般再合适不过了。回顾历史，我们也发现，南宋时期中日间的交流远较北宋更为频繁，这亦是支持我的这一说法的有力证据。而最初承担引进传播宋文化工作的，应该说是以禅宗僧人为主的佛教僧侣。

佛教自6世纪传入日本，至7世纪末形成所谓奈良六宗，即华严宗、律宗、法相宗、三论宗、成实宗、俱舍宗。至9世纪又增加了天台宗和真言宗。这八宗背后都有皇室贵族权臣给予支持，并都具有一定的宗教狂热。诸宗的大寺也常主动或被动卷入政治斗争的旋涡，有些大寺如比睿山延历寺、京都清水寺、奈良兴福寺、奈良东大寺等还蓄有僧兵，直接对政权构成威胁。各宗背后的政治势力相互较量更刺激起这种宗教狂热愈演愈烈，宗教间纠纷不断，直到发生械斗。佛教界如此混乱的局面，既扰乱社会，又严重影响了佛教的声誉。

待到镰仓幕府建立，引发了日本政治体制的重新构筑，

京都清水寺

旧有八宗背后的政治力量在这场政治革命中逐渐从权力核心淡出，佛教界也开始了一场整理改造的运动。净土宗、一向宗即净土真宗、时宗、日莲宗、禅宗临济宗、禅宗曹洞宗等一批新兴宗派陆续登场；又出现了源空、荣西、亲鸾、日莲、一遍、道元、圆尔、梦窗等一批著名佛教大师。这些位佛教大师们一面或在各种政治势力间，或在各地民众中游走，阐述他们各自宗派的主张来争取支持；一面积极收徒建寺，普及自己的流派，扩大本宗的势力。同时他们还要与旧有的宗派进行坚决的斗争，其中不少人都曾受到政府及旧宗派的迫害，被拘禁流放。这种情形又很容易让我们联想起中国的诸子百家时代，若说这是诸子百家的日本版亦不是不可以，这些佛教大师们也多是可以称为思想家的。

在诸多新兴宗派中，荣西、圆尔所传的中国禅宗临济宗可说是发展最顺利的，几乎未曾遭受什么迫害，很快赢得镰仓幕府与京都朝廷的双重支持，渐成压倒旧新诸宗之势，日后成为日本佛教主导力量。临济宗何以能在日本如此顺利发展起来？这要从中国临济宗的来历说起。

众所周知，禅宗是中国佛教诸宗派中最为中国化的，即所包含的中国文化成分最多。临济宗则又是禅宗里最为兴盛的一支，且在南宋时代居主流地位。这就是说，临济宗包含有丰富的南宋文化。因此，与其说临济宗传入日本，是一种新兴佛教宗派传入，不若说是一种新文化的传入。而这种文化刚好是既为日本所适用，又为日本所急需。这可能是临济宗在日顺利传播的原因所在。临济宗在中日间传播的渠道也就同时成为传播宋文化的渠道。这虽未必是荣西、圆尔等人的初衷，却仍要记住他们的功劳。

禅茶双祖荣西明庵

荣西禅师（1141—1215）是
日本冈山县人，字明庵，号叶上
房，世人尊称其为千光祖师、遍
照金刚。他八岁学佛，十四岁在
京都比睿山受戒出家，修天台密
教。南宋孝宗乾道四年即日本仁
安三年（1168）四月，二十七岁
的荣西明庵搭乘商船首次到中国

荣西明庵禅师画像

求法，先后在浙江天台宗祖庭和天童寺、阿育王寺等处游历
约半年时间，求得天台宗章疏三十余部。应当说他此行的一
个意外收获，就是他在游历期间对南宋盛行的禅宗南宗禅有
了初步的了解。荣西所学的天台宗原本也是以圆、密、禅、
戒四字标榜的，但天台之"禅"基本是对北方佛教"禅那"
传统的继承，和南宗禅之"禅"貌近而本质颇不相同。用日本佛学家铃木大拙（1870—1966）的解说：

　　通常说到"禅那"，是指那种向一定思想内容的冥想或怀疑。这思想内容，在小乘佛教常常是无常观，在大乘佛教常常是寻求"空"。当心灵被训练到意识甚至无意识的感觉都消失，出现了完全的空白状态的时候，换句话说，即所有形式的心灵活动都从意识中被排除出去，心灵中一丝云彩也没有，只剩下广袤蔚蓝的虚空的时候，可以说"禅那"便到达成功了，这可以称之为迷醉或梦幻般境界，但不能称之为禅宗的禅。禅宗的禅必须"悟"，必须是一气推倒旧理性作用的全部堆积并建立新生命基础的全面的心灵突现，必须是过去从未有过的通过新视角遍观万事万物的新感觉的觉醒。而"禅那"之中并没有这个意思，因为它不过是使心灵归于宁静的训练，当然，这是"禅那"的长处，但尽管如此，也不能把它与禅宗的禅等同看待。（《悟：禅宗的存在价值》，吴平编《名家说禅》，上海社会科学院出版社2002年版）

　　因为宋代以后南宗禅统一天下，所以说到禅宗，即是指南宗禅。说到禅，亦非指"禅那"而言。铃木大拙强调"悟"

是禅宗之禅与"禅那"的根本区别，他还说，"禅宗修行的目的在于获得洞悉事物本质的新观点"，"获得新观点在禅宗叫悟，无悟则无禅。"他的这一解说是令人信服的。

如果用更简单通俗的话来说明，"禅那"是一种修行方法，是以把心灵训练到意识甚至意识全无而求得心理上的安定。禅宗之禅则是一种精神上的自我觉悟，通过这种觉悟而获得对己身及己身之外的万事万物的崭新认识；既因得到这种认识而心安，也因这种认识而开始一种崭新的属于自我的人生。

荣西那时对于禅宗之禅的理解能达到何种程度，这是我们无法知道的。但他很有可能已经触及一部分属于禅宗本质的内容。据他回忆，彼时有位南宋禅僧曾对他说：

> 人有华夷之异，而佛法总是一心。一心才悟，唯是一门，《金刚经》所谓：应无所住而生其心也。欲知源流，请垂访友，当一一相闻，广知祖师之道。

荣西表示这段话留给他的印象尤深。而这段话明显是从《六祖坛经》里化出来的，含有禅宗的基本观点。荣西后来对禅宗生出向往之心，即当是以此为基础的。不过，这时的荣西对禅宗还没有表现出更多的关心。他回到日本后用了二十余年时间潜心研究天台宗教义，赢得了一定声誉。也就是在这个时候，日本爆发了源平之战，政局奇变，战乱不止；佛教界风气堕落，宗派冲突激增。在这种历史转折期中，原有的社会政治经济制度全面崩溃，意识形态十分混乱，身处其间难免有无所适从之感。荣西自然不能避免这种干扰，事实上环境也不容他闭门治学，他忽然在此际强烈感觉到了禅宗对他的诱惑——或许在禅宗里能找到对纷乱的现世的解释吧。在日本文治三年（1187），即源平战争刚结束两年，荣西就毅然以四十六岁的超大龄再度过海留学，这次留学是专以求禅法为目的。

荣西入宋后，师从禅宗临济宗黄龙派第八代传人虚庵怀敞禅师学禅四年，得虚庵印可，即虚庵认为荣西已经得悟，并予以证明。荣西获得这种证明后辞别虚庵归国，随即开始在日本各地传禅。他先后开创了福冈报恩寺、福冈圣福寺、京都建仁寺、镰仓寿福寺等一批宣讲禅宗的寺庙；还撰写有阐述他的禅宗思想的《兴禅护国论》《日本佛法中兴愿文》《出家大纲》等著作多种。

荣西传禅，也遇到旧有佛教势力的反对，荣西因此采取了渐进式的办法，没有激烈与其对抗。他未将禅宗单独立宗，

京都建仁寺潮音庭

而是利用天台宗中原有之"禅"，将其替代为禅宗之禅，然后采用在天台宗里修禅的形式，称之为"兼修禅"。这种"寄人篱下"的办法有效地使禅宗在日本落了户。在"兼修禅"范围内，荣西注重心法，主张"即心是佛"，并且也介绍南宋禅林制度和修行仪规，主张僧人要遵守戒律。较这些内容更重要的是，他在《兴禅护国论》里明确兴禅的意义在于镇护国家，这一思想以后成为日本禅宗的传统，禅宗也因此而长期与政府保持着良好的关系。荣西本人则得到天皇政治集团与镰仓幕府军事集团的双重支持，他在京都传禅的基地建仁寺还被升格为官寺，接受政府的直接供养；荣西也一度出任僧官——东大寺大劝进。

荣西是否从禅宗里寻求到对迷惘的现世的解释，今天已经无法讨论。而他传禅的成功，使得禅宗这一传播宋文化的渠道，率先在日本这端固定下来。也就在这一渠道建起的同时，宋文化便滚滚而来了，茶即是其中之一。

饮茶之风在中国由来已久，约始自西汉，而至晋代始有较为精细的饮法，即如（晋）杜育《荈赋》所云："惟兹初成，沫沈华浮。焕如积雪，晔若春敷。"南北朝时期，喜欢茶的南朝人到北朝洛阳，尚因此受到嘲讽。但盛唐以后，初因佛教僧人倡导继而在全国盛行。封演《封氏闻见记》云：

> 南人好饮之，北人初不多饮。开元中，太山灵岩寺有降魔师大兴禅教，学禅务于不寐，又不夕食，皆恃其饮茶。人自怀挟，到处煮饮。从此转相仿效，遂成风俗。

但此时饮茶，正如陆羽所记，"用葱、姜、枣、橘皮、茱萸、薄荷之等，煮之百沸，或扬令滑，或煮去沫，斯沟渠间弃水耳，而习俗不已。"陆羽乃著作《茶经》，成书于公元

（宋）赵佶《文会图》局部

764年前后，提出新的饮茶方式，由此在中国有茶神之誉。再至晚唐两宋，民间饮茶之风作为生活习俗，势头似已盛过禅风。荣西两度入宋，都应有机会受到周围环境感染而培养起饮茶的爱好。他于传禅之外的另一大功绩，就是传茶，把中国茶种传播到日本。

黄遵宪《日本国志》记：

　　荣西至宋，赍茶种及菩提还。日本植茶盖始于嵯峨帝（在位时间为809—823年）时，其后中绝。及后鸟羽院文治中僧千光（荣西）游宋，赍江南茶种归种之筑前（今福冈）背振山。建保二年（1214），将军源实朝有疾，千光知其宿酲，献茶及《吃茶养生记》二卷，将军饮之顿愈。又馈茶实一壶于释明惠，明惠种之栂尾山，故栂尾山又名"茶山"，其后分种之宇治。近代栂尾种殆绝而宇治实称"茶海"。

黄所记献茶故事，日本史书亦是承认的。成书于 14 世纪的《吾妻镜》被日本史学界认为是研究镰仓时代史和武士社会史的基本史料。其书记道：

> 将军家聊御病恼，诸人奔驰，但无殊御事是者去夜御渊醉余气欤。爰叶上（荣西）僧正候御加持之处，闻此事，称良药，自本寺召进茶一盏，而相副一卷书令献之，所誉茶德之书也，将军家及御感悦云云。去月之比，坐禅余暇书出此抄之由申之。

日本以往记载常是用这种半通不通的汉文写作的，后世称作"变体汉文"，大抵当时人自有他们的一套读法，我们如今就只能看个大概了。或许当时人也就是看个大概亦未可知。诸如京剧及地方戏剧之唱词，传唱虽久，词亦多有不通，今日读来，反觉古来即是如此说话的。语文问题且不多说，这段话的大概意思是说，建保二年镰仓幕府将军源实朝（1192—1219）饮酒大醉，引起身体不适。荣西闻讯后及时献茶解酒，同

《吃茶养生记》书影（早稻田大学图书馆藏）

时还献上他写的介绍饮茶益处的专著《吃茶养生记》，大获将军欢心。

　　荣西的这部《吃茶养生记》是日本第一部关于茶的专著，亦是用变体汉文写作的，但或因其曾留学中国，文字胜于《吾妻镜》。荣西在著作里讲了茶的作用、种类、饮法、采集及故事。正如唐人在推广饮茶时最爱突出茶的药用价值一样，荣西也用的是这种办法。他说：

　　茶也，末代养生之仙药，人伦延龄之妙术也。山

谷生之，其地神灵也；人伦采之，其人长命也。天竺、唐土同贵之。我朝日本，昔嗜爱之。从昔以来，自国他国俱尚之，今更可捐乎？况末世养生之良药也，不可不斟酌矣。

其叙述口气也像唐人，但其著作之内容则多是来自宋代辑成的《太平御览》。《太平御览》卷八六七饮食部第二十五为《茗部》，荣西的资料多引于此。不过，荣西也加入了他在中国所得到的饮茶经验。日本茶道研究家滕军女士在其所著的《日本茶道文化概论》（东方出版社 1992 年版）里把荣西所论茶之饮法整理后顺成现代汉语转述云：

将茶叶采摘后，立即蒸，然后立即焙干。焙架上铺上纸，火候不急不缓，终夜看守，直至当夜焙干，之后盛瓶，以竹叶压紧封口，经年不损。饮时，用一文钱大的勺子，把碾成粉的茶放入茶碗，一碗茶放两三勺，然后冲入开水，开水量不宜多，再用茶筅快速搅动。点好的茶苦中带香，上浮一层厚沫，绿色。

此段前半为蒸青，即用高温抑制茶中氧化酶的活性，为的是保持茶叶的鲜绿色，然后焙干。这是唐以后的制茶法。后半为饮法，更显然是宋代流行的点茶。宋代点茶的程序是，把茶饼弄碎碾细，再用箩筛过，就成为末茶。然后把末茶放入烫热的茶盏，先注少量的水将末茶调成糊状，再继续注水，同时用茶筅旋转搅动，至茶面上出现浓厚的白沫。从这种对比可以知道，荣西传茶，理论固是借鉴唐人，实事则取之于宋。所以我说，荣西传茶亦当属于传播宋文化范畴。

黄遵宪《日本国志》还提到荣西赠茶种给释明惠（1172—1232）的事。明惠，日本华严宗的名僧，擅写和歌，就是川

明惠上人树上坐禅图

端康成演讲里提到的，写"冬月拨云相伴随，更怜风雪浸月身"的那位诗人。他的弟子惠日房成忍曾为他画过一幅《明惠上人树上坐禅图》，非常有名，流传至今成为日本国宝。画上有明惠自赞：

> 高山寺楞伽山中，绳床树，定心石。
>
> 拟凡僧坐禅之歌，写愚形安禅堂壁。

从画像与自赞看都说明明惠之禅尚是小乘的"禅那"。《栂尾明惠传并遗训》更说，他以为坐禅有三大障碍：曰睡魔，曰杂念，曰坐相不正。而饮茶提神驱睡，他认为有助于坐禅，应该推广。明惠于建永元年（1206）创建栂尾山高山寺，荣西所赠茶种即被他植于高山寺中，其后这里的茶被认为是日本茶之正宗。明惠亦成为茶在日的早期传播者。

很有趣的是，荣西之禅与明惠之禅相去甚远，而一点茶缘却留下他们交往的佳话。从这里也能感觉到，荣西传禅时也是很注意与其他宗派间的关系的。

据史学家们考证，事实上在日传禅传茶，荣西均非最早。但日本民间则习惯以荣西为传禅传茶之始，奉他为禅祖与茶祖。这当是禅与茶系自荣西才开始真正引起人们的注意。

我还以为，禅与茶恰是作为新的外来文化——宋文化输入的象征，而引起人们注意的。这种经验，如同 20 世纪 80 年代中国的弗洛伊德之流行与咖啡面包的受到欢迎，当然也如同明治维新时代人们开始吃肉与进舞场。事虽隔了数百年，以今日之情形亦未尝不可以想见当年。

静冈茶与朱子学

京都附近的宇治和日本东南部的静冈是日本两大产茶地。按照黄遵宪的说法，宇治茶来自栂尾山，即等于间接来自荣西；静冈茶的茶种则是荣西法孙辨圆圆尔禅师（1202—1280）从中国带来的。

圆尔禅师也是日本禅宗史上的大人物，是荣西传禅事业的最重要继承者。他就是静冈人，幼学天台宗，十八岁受戒出家后，曾向荣西弟子荣朝释圆和退耕行勇学习禅法。嘉祯元年（1235）圆尔入宋求法，旅宋六年。其间先是跟从多位中国名僧修习天台教法，后则专事杭州径山寺无准师范禅师（1177—1249）学禅，并得到无准印可。从这种经历上看，圆尔与荣西倒也相似；

辨圆圆尔禅师画像

可是在他们二人间却有一处重要不同，荣西在中国所学为禅宗临济宗黄龙派禅法，圆尔却学的是临济宗杨岐派禅法。①

飞按：中国禅宗初有北南之分，北宗先盛先折，南宗后来居上，以致禅宗史在唐后即成南宗禅史。南宗禅又分作五家，即曹洞宗、云门宗、沩仰宗、法眼宗、临济宗。至宋代时，云门、沩仰、法眼三宗又相继没落，曹洞、临济并行于世。曹洞又不及临济，两宗势力对比为"临天下，曹一角"。临济宗在北宋中期再分作二派，一曰黄龙，一曰杨岐。黄龙派至南宋初遂断绝，杨岐派一花独放，如日中天，禅宗史至此已成杨岐之史。

杨岐派下传有两大重镇，大慧宗杲与虎丘绍隆，他们的法系都非常兴盛。圆尔之师无准就是虎丘法系第五代的代表人物之一，据说当时有"天下第一等宗师只无准师范耳"的说法。荣西传黄龙禅法时，黄龙派已然衰微，其力量实不足

---

① 南宋陈世崇著《随隐漫录》记无准师范事二则。卷三云：

史相（史弥远）生期，寺观皆有厚馈，独无准献偈云："日月两条烛，须弥一炷香。祝公千岁寿，地久与天长。"史大喜。随隐拈云，满口道着。

又卷五云：

无准入室问伦断桥云："近离甚处？"答曰："天台。"问云："曾见石桥么？"答曰："踏断了也。"问云："踏断后如何？"答云："碧潭深万丈，直下取鱼归。"随隐拈云，蓦尔渔翁轻举棹，无端空谷里传声。

飞按：伦断桥，无准的弟子妙伦断桥也，也和日僧多有来往。

以为荣西及其以后的在日传禅活动提供接济。圆尔改师杨岐派，与无准师范建立起密切的师弟关系，就使得他回国后在日传禅，拥有中国佛教主流的中坚力量直接作为其强有力的后援。荣西传禅成功使禅宗传播渠道在日一端固定下来，至圆尔改师杨岐，此渠道在中国的一端才稳固下来。

日本以往吸收中国文化的主渠道是政府主导的遣隋和遣唐使，佛教僧人则另有民间渠道，通常是搭乘商船往返的。至唐昭宗时唐国凋弊，遣唐使停止派遣；但民间渠道仍然继续维持。北宋至南宋初年（包括日本与吴越国的往来），这条民间渠道就发挥出极大作用。荣西、圆尔都是通过这种形式到中国的。此后在中国历南宋、元、明三朝，在日本则历镰仓、足利、江户三幕府，都未曾因各自政权更迭而中断这一渠道上的往来。至于个中缘由，其一是禅宗作为宗教，给人以超越政治的印象——虽然事实上宗教是很难超越政治的；其二是禅宗在两国都具有半官半民的性质；其三是宋代文化的精髓宋儒之学，深受禅宗影响；其四是禅宗的文化艺术色彩突出；其五是日本禅宗僧人汉学的水平较高。有此五个特点，这条渠道竟较之官方的遣唐使更为稳定，又较唐代及北宋初期的民间渠道更为郑重且范围广泛。以后的足利幕府索性直接以禅僧负责对中国的交往，便是充分利用了这一渠道的特点。说中日间禅宗渠道替代了遣唐使的作用，这应是为大家所能承认的。换言之，禅宗渠道的意义实则远远超出禅宗范围。柳诒徵文里曾引日本《室町时代史》称：

> 禅僧求法，多游支那。其由支那来我国者，亦多在元代。有补陀僧如智子昙一山等来游我国而备法灯，因之支那之学问亦由此等僧侣之媒介传来我邦。我之学风，遂别成一时期。初，我国学风承汉代郑玄以后训诂之学广行之余，故京都缙绅不外此一家之学。至此时期，宋元性理之学及唐宋之文章经禅僧之手绍介而来，而学风遂一变。盖宋元之学传之僧侣，尤易领会，此其学之所以特盛。（中略）宋元之学源出于佛教者颇多。宋元学风传之僧侣，尤为便宜。以此五山僧侣之游支那，不惟求法而已，并修儒学。最初只以辞藻为事者，至此渐究心儒学之真义。彼等之归，不惟坐禅修法，且从事说道讲学，发挥儒风。后来惺窝罗山之徒皆自丛林中显名，不可谓非此故也。

这段话概括地说出通过禅宗渠道输入宋文化而对日本产生的影响。但一般日本人常对禅宗与禅宗渠道不加辨别，因此说起来似乎禅宗的影响到处都有，但凡言及中国影响，除了唐就是禅，给人的感觉就如禅宗无所不能似的。我想要说明的是，禅宗的作用在日本多有被夸大的情况，这也是不可不察的。

仍说荣西、圆尔两师。他们开辟出这条禅宗渠道后，中日间随之出现一个文化交流的高潮，禅宗亦借此高潮而在日本迅速兴盛。今人提及禅宗，多是崇荣西而略圆尔，我以为甚是不公。盖若无圆尔改传杨岐，荣西之禅未必就能继续。虎关师炼禅师（1278—1346）在其所著的日本第一部佛教史《元亨释书》卷七里的评价，我以为尤是公允。虎关禅师道：

> 建久之间，西公（荣西）导黄龙一派，只滥觞而已。建长之中，隆师（渡日汉僧兰溪道隆）谕唱东壤（关东地区），尚薄于帝乡（京都一带）。慧日（圆尔）道协君相，化恰畿疆，御外侮而立正宗，整教纲而提禅纲，盖得祖道之时乎？

飞按：日本古代禅宗有二十四派，临济宗居二十一派；临济二十一派中，杨岐又居二十派；杨岐二十派里，虎丘法系则达十八派。这当足以说明圆尔对于日本禅宗的影响。

京都东福寺三门

　　话说回到圆尔归国后的传禅活动。他虽然仍是按照荣西的传统，在天台宗里兼修禅宗，但是反客为主，把重点放在禅宗上，成了修习禅宗兼习天台。非常幸运的是，圆尔的传禅活动得到京都朝廷摄政藤原家族的支持，藤原氏为他在京都起建了东福寺；而且，藤原氏模仿唐代宗曾赐径山寺名僧法钦"国一"称号的办法，赠圆尔以"圣一"之号。其后，圆尔又陆续得到后嵯峨上皇、后深草上皇、龟山法皇以及镰仓幕府执权北条家族的支持，声望极为崇高。他圆寂后，作为身后之荣，花园天皇（1308—1318 年在位）赐谥"圣一国师"。这是日本禅僧首次获得国师之号，标志着禅宗在日本的地位被正式确立。

圆尔传禅的基本思想，正如他在《东福寺文书》里所说，"透佛祖不传之妙，绍径山先师之宗"。前句如何很难说清，后句则非常实在。圆尔之于无准，可说是亦步亦趋。他主持兴建东福寺时，建筑即全仿杭州径山寺；东福寺又实行中国禅寺管理制度和修行制度，奉祀禅宗祖师。圆尔亦像中国禅师一样上堂说禅。因为无准精通儒学，是著名的儒僧，圆尔随他学习，自受其熏陶。圆尔在说禅时也时常引用宋儒之说，无意之间，他就开始把宋文化的精髓——宋代儒学，介绍到了日本。这又成为他的传禅以外第二大功绩，即是见于记载的最早把宋代儒学传播到日本的人。他回国时携有宋儒经籍数千卷，包括《晦庵大学或问》《晦庵中庸或问》《晦庵集注孟子》《论语精义》《五先生语录》等书。圆尔晚年把这些经籍编出《三教典籍目录》。为大家所熟悉的是，以朱子学为代表的宋代儒学对日本，特别是日本的江户时代，影响颇巨。圆尔首传之功，亦不当埋没。

以上所举传禅传儒，都是大功；此外圆尔贡献尚多，如画，如茶等。画，中国画线条画法完成于南宋，南宋至元初为中国画之高峰。圆尔较早就把中国画线条画法传到日本。

大宋國日本國天無
根地無極一句盡千差
有誰知曲直鶯起鳴
山白頭忠浩一陣風
宇氣梁
日本久能弁長老
爲予勾當請贊
嘉熙戊申中夏仁
大宋徑山無準老僧書

无准像

他本人很可能就曾在中国学过绘画，东福寺现存有一幅无准六十岁左右的肖像画（禅宗曰顶相），从无准自赞来看，这幅画似即出于圆尔之手。可惜我曾以此向东福寺僧问询，而寺僧不能答。

茶的方面，比画有较多把握。首先就是圆尔留学的杭州径山寺，其寺除以禅名外，还以茶闻名。寺中僧人多嗜茶，寺之附近即种植茶树，茶味亦佳。苏学士东坡任职杭州时，就常到径山寺品茶，与寺中僧人吟诗唱和。圆尔在径山日久，自然会接受饮茶的习惯。有说法是，宋代的斗茶习俗就是由圆尔传至日本。斗茶，又称茗战，是宋代流行的一种饮茶游戏。其基本做法是，点茶时最后有白沫泛起，这种白沫应持久不散，并且在茶盏内壁要不留水痕。斗茶即是点茶技艺的评比，以白沫先散，茶盏中早现水痕者为负。自然，玩起来又另有许多花样。这种游戏后来经改造而在日本也特别流行。这当是在由禅宗带动起的文化交流热潮中，宋国饮食服饰器具起居等，均会随此热潮而在日形成风尚。但在这饮食服饰等种种风尚中，又有一批渐自风尚中升华出来，成为富有日本特色的独特艺术，所以现在仍然引起我们的关心。茶就是这类情况的代表。由此，圆尔传茶虽对于他而言可能是小事，我们却也不能忽略。

川端康成在《美的存在和发现——在夏威夷大学的讲演》里曾说到静冈茶园：

> 那片茶园将好些山丘连在一起。我曾经路过茶园附近的东海道，但脑子里浮现出来的，却是从东海道火车窗户看见的茶园。它沐浴着清晨和傍晚的阳光。朝阳或夕阳的斜照，使茶树的行列之间形成了浓荫的低谷。田里低矮的茶树大小整齐，枝繁叶厚，除嫩叶外，茶叶的颜色一片深青，略微偏黑。所以，茶树的行列之间，就形成了阴暗的浓荫。黎明时分，青绿的茶树仿佛静静地苏醒过来；傍晚时分，青绿的茶树又仿佛静静地安息。有天傍晚，我从火车的窗户看去，山丘上的茶园好似青绿的羊群在静静地安眠。（黎继德译）

这是我很喜欢的一篇文字，每次读到这段仿佛有音乐伴奏着的歌似的文字，我就想到静冈本是圆尔禅师的故乡，缅怀禅师传茶之德，真可谓是遗惠桑梓，泽被千年了。

第三章

茶与金阁银阁的美学

金阁将军和北山文化

<hr/>

  十四世纪初镰仓幕府渐成衰败之危局，和幕府一直存在权力斗争的京都朝廷趁机活跃起来。后醍醐天皇（1318—1339年在位）集结各种反镰仓幕府势力发动了倒幕战争，摧毁了镰仓幕府统治。[1] 可是，在这次政治革命中又有一个名为足利的家族兴起，志在继承镰仓幕府的足利家族与矢志恢复皇权的后醍醐天皇之间开始了新一轮的较量，从而导致

<hr/>

  [1] 杨曾文《日本佛教史·室町至织田、丰臣时期的佛教》记玄慧事：

  文保二年（1317），属于大觉寺统的后醍醐天皇即位，他与僧玄慧，研习宋学，服膺宋儒的大义名分说，立志恢复古天皇制。他先废除院政，以后，派近臣募集地方武士组织勤王之军要推翻幕府，其间一度失败，被流放到隐岐。元弘三年（1333）出逃后再次传檄讨幕，在武士楠木正成、足利高氏（飞按：足利尊氏）、新田义贞等的勤王之师的联合攻击下，镰仓幕府被推翻。最后一代的执权北条高时自杀身亡。后醍醐天皇回到京都，翌年改元建武，实行以恢复古天皇制为目标的新政，史称建武中兴。

  飞按：此处后醍醐天皇接受宋学影响是极可注意之事。玄慧是天台宗僧人，但他更属意禅宗，当具兼修禅的性质，对宋学亦有较深了解。据传他的兄长就是汉学修养极深的著名儒僧虎关师炼禅师。玄慧任后醍醐天皇的侍读，但后改投足利幕府，为幕府所重用。

京都金阁寺

日本历史上出现了长达六十一年的南北朝分裂时期（1331—1392）。后醍醐天皇在南朝称帝，足利家族的统帅足利尊氏（1305—1358）则在北朝另立天皇，自己号称"征夷大将军"而开设幕府。足利幕府设在京都郊区的室町，所以又称室町幕府。这一新兴幕府在尊氏的孙子、第三代将军义满（1358—1408）时期达到鼎盛。义满十岁即将军位，在祖父和父亲部属的辅佐下，用了二十几年时间击垮了南朝政权，一统日本全国；同时他还架空了京都朝廷，自己就任朝廷最高职位的太政大臣，成为名义上身兼文武最高官职的第一人臣，实际上就是日本事实的最高统治者，天皇系统从此失去了对幕府再作反戈一击的可能。义满在获得了他的政治军事功绩以后，大概感到疲倦了，年纪未足四十岁就宣告退休。他于应永四年（1397）开始着手在京都北山脚下兴建名作鹿苑的别墅，别墅里建有一座遍贴金箔的三层楼阁，因此别墅又以金阁称。义满就在金阁别墅里度过其晚年。

足利义满画像

当此时也，自源赖朝创立幕府而至义满，幕府制度经过百几十年的发展，这时已经成为不可动摇的日本政治社会制度。对于中国宋文化的学习也在这百几十年间达到相当的积累。如何建设和幕府制度相适应的文化，这个问题也开始为幕府的统治者所关心。刚好足利义满又是一位有着很好的文化教养与高明的艺术鉴赏力的政治领袖。义满晚年对文化尤其热心，在一批禅宗僧侣和艺术家们的响应下，义满又于他的政治军事功绩之外，赢得了其文化功绩，形成了属于他的时代的"北山文化"。

北山文化的明显特色，是具有一种微妙平衡感的折中主义。不过，要说明这种"微妙平衡感"很难；我所以要加上这个定语，是想表明此处所用的"折中主义"，完全不具有贬义。折中，包括两大方面：一是以中国为主的异国情调与日本固有文化之间的关系；一是天皇朝廷的贵族文化与幕府的武士文化之间的关系。北山文化在处理这两方面的复杂关系中表现出独特智慧，即能把握住那种微妙平衡感，而使各种文化都得以发展。这是应当予以高度评价的。

所谓以中国为主的异国情调与日本文化之间的关系，我们所看到的情况是，义满对于中国文化有着浓厚的兴味，崇尚中国物品，积极发展与明朝的贸易往来；但他也能毫不吝惜地支持日本文化创造，最具代表性的就是在他倡导帮助下发展起来的，日本伟大的戏剧艺术能·狂言。能是严肃的、以宗教为背景的戏剧；狂言是喜剧性的表演。二者多是同台共演。周作人《日本狂言选·引言》里说：

日本中世的武士文学的代表作品是近于历史演义的战记和悲剧类的谣曲。与谣曲一并发生的是喜剧类的狂言。两者出于"猿乐"。（中略）据说猿乐这名字乃是散乐的传讹，原是隋唐时代从中国传过去的杂剧，内容包括音乐歌舞，扮演杂耍各项花样，加上日本固有的音曲。这些歌舞杂耍音曲，在民间本来流行着。这时候大概又受到中国元曲若干的影响，便结合起来，造出一种特殊的东西。（飞按：猿乐应是受到中国戏剧的影响，但究竟是来自隋唐或宋或元，这尚难定论。相比之下，猿乐受到佛教的影响似更明显。）这最初叫作"猿乐之能"，能便是技能。后来改称为"能乐"，那脚本即是谣曲。谣曲是悲剧，其中又反映着佛教思想，所以它只取了猿乐中比较严肃的一部分。原来还有些轻松诙谐的一部分收容不进去，这便分了出来，独自成为一种东西，就是狂言这种喜剧了。（飞按：在猿乐发展为能乐的过程中，中国戏剧的影响并不是主要因素。猿乐和元曲所走的是两条道路，猿乐向着宗教化发展，元曲则努力去接近市民社会。能乐之成立，是在足利义满时代的气氛中完成的。所谓从中国传来的音乐歌舞，扮演杂耍之类，经过选择后被化用在技能中；而如果过分注意这些技能，能乐就非能乐了。能乐界至今仍然坚持的艺术理论，能，就是不能。这是对技能的一种否定，要求必须超越技能，这也是在义满时代就做出的规定。）

我们现在可以从能乐里感受到的，能乐的灵魂部分主要是感情。其情又有两类较重要，一是佛教的无常观，一是人之常情或扩大范围说生灵之常情。很多时候这两种情是一起出现的。或许正因如此，能乐所达之情既不局限于日本人所特有，亦不刻意去强调中国故事里的人物的中国人感情，而是抱着悲悯之心对大写的人表示深刻同情。这种做法无形中缩小了中日文化间的距离，也使得中国文化融入日本文化的血液之中。除能乐外，这个时期的造园艺术也表现出这样的特点。

北山文化的另一面是天皇朝廷的贵族文化与幕府的武士文化的融合。平安时代已形成的传统，日本的高层文化基本为天皇朝廷的皇室贵族所垄断。镰仓时代朝廷与幕府分在两地，京都朝廷仍是高层文化的象征。及至足利幕府时代，朝廷幕府同在一地，义满又身兼朝廷幕府最高职位，原来的皇室贵族的小圈子被打破了。武士阶层地位这时也早大幅度提高，实际势力远超过皇室贵族；武士阶层因此也有了涉足高层文化的需求。他们既热衷于模仿原来皇室贵族的生活文化，又不得不碍于自身的文化水准而寻求适合自己的"高雅趣味"。此一时期的茶文化即表现出这样的特点。足利义满将军本人对茶就是有兴趣的。金阁别墅里有山泉，据说义满饮茶即用此山泉水。宇治地区则至今还宣传义满是宇治茶的爱好者。史上亦留有义满举行茶会的记载。但这时的茶会只是把宋代充其量不过是雅俗共赏的斗茶娱乐，引入武士社会作为一种风尚，中国唐宋饮茶，是先将茶叶制成茶饼，饮用时用茶臼、茶磨、茶碾等将其研成细粉。饮用之法以煎茶和点茶为主。煎茶即是以茶釜煮水，沸后放入茶粉，待泡沫浮面即可饮用。点茶则是先在茶盏中放入茶粉，然后用茶瓶向茶盏中注入沸水。宋代制茶饼的工艺又有大幅度提高，上好的茶饼能值数万钱且甚难得。更有宋徽宗著作《大观茶论》，饮茶之风大盛于前代。宋时又兴起"斗茶"时尚，其方法有两种。其一是验水痕，即要求茶粉细匀，注水与茶比例适当，能令水与茶胶着一处，着盏无水痕。这种做法有几分类似现在的冲调藕粉。实际上，宋代的茶饼中，也确实有淀粉的成分。另一种斗茶是品茶味，如宋人唐庚《斗茶记》中云："政和二年三月壬戌，二三君子相与斗茶于寄傲斋。予为取龙塘水烹之而第其品。以某为上，某次之，某闽人，其所赍宜尤高，而又次之。然大较皆精绝。"这种做法对于茶质与水质都有很高要求。不过，当"斗茶"传入日本时，其在中国已然流行过去了。滕军《日本茶道文化概论》引日本《吃茶往来》所录史料来描述足利幕府初期的茶会说：

> 记载日本斗茶的最重要的史料是《吃茶往来》。关于其著作年代和作者都没有准确的依据，据考证为室町时代初期的玄惠法印的遗文。"往来"是书信文章的意思。（中略）
>
> 斗茶的场所分为两处，一处为客厅，一处为吃茶亭。客人来到帷幕垂挂的客厅后，先敬酒三遍，然后上一道面、一道茶。之后开山珍海味之宴，宴后退席。改入吃茶亭。茶堂内挂有释迦、观音、普贤、文殊、寒山、拾得等人的画像，桌几上铺有金襕锦绣，设有花、

香。（中略）客人们坐在豹皮上，和式房间的隔扇上贴满了中国画，香台上放有雕漆香盒，茶罐里装有栂尾、高雄等名茶。茶堂的西侧放有食架，上置各色珍果。北侧置一对屏风，摆放着各种奖品。茶堂中置茶炉，锅中有热水。周围摆有一些饮料，用布巾盖着。（中略）客人入座以后，主人的儿子为客人端上点心和盛有末茶粉的茶碗。一少年左手提装有热水的壶，右手拿茶筅。从上位至下座，依次注汤点茶，不慌不乱。在这之后，进行四种十服的斗茶。主客兴致勃勃，无人不快。日落西山，便退去茶具，重摆酒席，歌舞管弦，劝酒划拳，直至深夜。

通过《吃茶往来》，我们大体把握住了日本斗茶的气氛。但关于斗茶本身还需进一步探讨。斗茶初期，以辨别本茶非茶为主，即尝出栂尾茶（本茶）与其他茶（非茶）的区别就可以了。这里受到了中国宋代斗茶中的辨别皇室专用的北苑茶（正焙）和其他的茶（外焙）的影响。

由此看来，日本是把宋代斗茶里的一个不重要的分支拿来并加以扩大了。而斗茶会的吃喝之丰富，点明了日本斗茶会接受了宋代斗茶的娱乐性质。值得注意的是，足利义满赶在这时，及时提出建立武士阶层礼法，滕军提到的玄慧（？—1350），曾受命制定法律《建武式目》。义满还命小笠原长秀等参照禅宗清规的严格的一面，制定出名为《三议一统大双纸》的武家仪规，其中也包括茶会礼仪，这对于斗茶会是一种必要的约束。综合以上内容看，可以说荣西圆尔所开创的学习宋文化的工作告一段落，北山文化是在以往学习的基础上开始了日本新时期文化的创造。

禅宗影响下的美学理念

·······················

美国的日本研究家霍尔（JOHN WHITNEY HALL）的
《日本：从史前到现代》（*JAPAN：FROM PREHISTORY TO
MODERN TIMES*）中曾说道：

> 日本十四世纪和十五世纪的历史最迷人、似乎也
> 是最矛盾的方面之一，就是它的政治秩序虽然混乱，但
> 文化和经济的发展在全国都很可观。从以后的时间来
> 回顾，这两个世纪产生的艺术形式和阐明的美学价值观
> 念，直到今天都是日本人最赞美的。也就是在十四世纪
> 和十五世纪，日本才开始以一个海洋国家屹立于东亚，
> 其内部经济的发展使之生机勃勃。（邓懿、周一良译）

这段话非常容易令我们想起柳诒徵《中国文化史》中所
说的：

有宋一代，武功不竞，而学术特昌。上承汉唐，下启明清，绍述创造，靡所不备。

以及黄仁宇《中国大历史》（*CHINA：A MACRO HISTORY*）所说：

> 从经济方面讲，宋朝面临中国有史以来最为显著的进步：城市勃兴，内陆河流舟楫繁密，造船业也突飞猛进。中国内地与国际贸易都达到了空前的高峰。铜钱之流通也创造了新纪录，之后再未为任何朝代所打破。另外因政府提倡，开矿与炼矿的进展极速，纺织业和酿酒业的情形也相埒。

柳黄对于宋朝文化经济的描述，与日本14世纪和15世纪的情形是颇为相似的。虽然把这种相似归结为日本自镰仓时代开始吸收消化中国宋文化的结果，还需要多方论证；而周作人则早在《日本与中国》（1925）文里就明确指出过：

> 日本旧文化的背景前半是唐代式的，后半是宋代式的，到了现代又受到欧洲的影响，这个情形正与现代

中国相似。^①

周作人的所谓"后半"，基本上应是指镰仓时代至德川时代而言。这段历史在日本被称为"中世"。不管日本中世文化是否可以确认是宋代式的，重要的是，我们也不可忽略其中日本人的独特创造。

把这种中日文化比较的问题放在一边，霍尔所说的仍为今日日本人所赞美的艺术形式和美学价值观念，前者当以能乐、狂言、和歌、连歌、建筑、造庭、茶道、花道、美术等为代表；美学价值观念则要首推"幽玄"这一美学理念的成立。

在日本，"幽玄"一词与伟大的戏剧家世阿弥（1363—1443）是不可分的。世阿弥是在足利幕府第三代将军义满支持下出现的能乐的集大成者。他把最初用于日本诗歌理论的"幽玄"理念引入能乐，作为能乐所追求的最高艺术境界。

---

① 陈寅恪《元白诗笺证稿》云："考吾国社会风习，如关于男女礼法等问题，唐宋两代实有不同。此可取今日日本为例，盖日本往日虽曾效则中国无所不至，如其近世之于德国及最近之于美国者然。但其所受影响最深者，多为华夏唐代之文化。故其社会风俗，与中国今日社会风气经受宋以后文化之影响者，自有差别。"陈说重在强调中国唐与宋之异，对于日本受宋文化影响亦深则未能予以重视；且忽略了中国宋后经历元之破坏，日本则未经蒙古统治。故所谓日本社会风俗与今日中国经受宋以后文化影响之社会风气相比较之说似难有结论。

"幽玄"此后能逐渐发展成为日本美学的基本理念,与世阿弥的大力提倡有密切的关系。不过,要弄懂作为日本美学基本理念的"幽玄"的确切含义是困难的。日语里对"幽玄"的解释足有一二十种讲法。

如:描述那些深不见底、遥不可及、神秘莫测、难以捕捉或言喻的东西。

如:有很深的意味与有很深的余韵;

如:幽深而不可知,微妙而难解;

如:优雅、典雅、体贴。

顺便说一句,不知为什么,中国翻译家尤其喜欢将"幽玄"译作"优雅",或者"优雅华丽",这种译法显然是不够准确的。

霍尔是直接用"幽玄"一词的,他将"幽玄"解作"表面后边的神秘"。他通过对能乐的描述来为他的这种解释做出说明:

演员穿着织金的艳丽服装,华美优雅,但舞台上空空荡荡,一点儿也没有夸饰。戏词都是抒情的,极富诗意,舞蹈也很优美。戏剧的主旨或者是神道的,在于祈求某个神,或者是充满阿弥陀信仰的同情或者对拯救的寻求。动作是象征性和暗示性的，而不是写实性的。这种富丽、有诗意的高雅和神秘意味的统一体，正是世阿弥在演出中要努力达到的能代表幽玄的那种品质。

再让我们看一下中国的茶道研究家滕军女士在《日本茶道文化概论》里，从茶道角度对"幽玄"的解说：

"幽玄"可解释成幽深、含蓄、有余音。茶道艺术讲究不将意思完全表达出来，只显露出它的一部分，剩下的部分让对方去回味。比如在介绍茶道具的来历、产地时，只含蓄地介绍一些边边角角的东西，而让客人自己去慢慢欣赏。在表现圆月时，一定要画上一朵云彩挡住圆月的一部分，认为这样的月亮才有韵味。要在茶碗上表现一只鸟时，只画上两个鸟的爪印；要表现海滨时，只画上两棵迎着海风的松树，而画面的大部分是空白的，留给人遐想的余地。茶道艺术在光线上喜爱暗，茶室的窗户开得很小，即使这样，有时还要挡上苇帘子。暗，会使人精神集中，制造出幽玄的艺术气氛。当然茶道中追求的暗绝不会令人感到恐怖或不安，它会使人感到踏实、恬静、舒服。茶人在举行茶事时，不能将自己所持有的所有的名贵茶道具一下子显示出来，也不能将自己的才能全部显示出来。否则就失去了幽玄的风格。

幽玄用禅语表示就是"无底"。在获得了"本来无一物"的境地的同时，又得到了"无一物中无尽藏"的无限可能性。

滕军的叙述里提到了"幽玄"与禅宗的关系，说是相当于"无底"。她没有指示出何以将"幽玄"等同于"无底"，但推测其应是有所本的。

其实，在中国禅宗里原就有"幽玄"这个说法。关于禅宗里的"幽玄"，临济宗创始人临济义玄禅师（?—867）曾有详细解释：

道流，大丈夫汉更疑个什么？目前用处更是阿谁？把得便用，莫著名字，号为玄旨。与么见得，勿嫌底法。古人云："心随万境转，转处实能幽。随流认得性，无喜亦无忧。"道流，如禅宗见解，死活循然。参学之人大须仔细。如主客相见，便有言论往来。或应物现形，或全体作用，或把机权喜怒，或现半身，或乘狮子，或参象王。如有真正学人便喝，先拈出一个胶盆子，善知识不辨是境，便上他境上作模作样，学人便喝，前人不肯放，此是膏肓之病不堪医，唤作客看主。或是善知识不拈得物，随学人问处即夺，学人被夺抵死不放，此是主看客。或有学人应一个清净境，出善知识前，善知识辨得是境，把得抛向坑里，学人言："大好！"善知识即云："咄哉，不识好恶！"学人便礼拜，此唤作主看主。或有学人披枷带锁出善知识前，善知识更与安一重锁，学人欢喜，彼此不辨，呼为客看客。大德，山僧如是所举，皆是辨魔拣异，知其邪正。道流，实情大难，佛法幽玄，解得可可地。(《古尊宿语录》卷四)

临济义玄禅师的话有些费解，需要先对临济禅法的一些基本概念做出说明。临济禅法的基本概念主要有三玄三要、四宾主、四料简、四照用等。

三玄三要是临济心法，三玄是体中玄、句中玄和玄中玄。三要是说每一玄中要具三种要点。三玄三要，简单地说，是通过虚实、知行、经权等各种角度启发参禅者悟到语言以外之意境。

四宾主指宾中主、主中宾、主中主、宾中宾。这是讲参禅者的"宾"与说禅者的"主"之间的关系。上面引的这段话就是阐释四宾主的，善知识即指主，学人是宾。主宾在探讨禅的问题时，可能出现四种情况：一是宾悟而主未悟，即宾看主或说宾中主；二是主悟宾未悟，即主中宾；三是主宾俱悟，即主中主；四是主宾俱未悟，即宾中宾。这是强调在参禅过程中师徒平等，相互启发。弟子的一方要尤其敢于怀疑老师。

四料简，料是度量，简是拣别，即四种可供因时因人而随机自由选择的参禅方法。这四种方法是：有时夺人不夺境，有时夺境不夺人，有时人境两俱夺，有时人境俱不夺。人是指能知的主体，是主观；境是所知的对象、是客观。夺是不存、摒弃。

四照用也是参禅方法，偏重于知行关系，照是观照、知见；用是功用、是行。包括先照后用，先用后照，照用同时，照用不同时。

这些概念事实上已经构成一套临济实用哲学。上面所引的文字虽然是解说四宾主的，但其中的"幽""玄旨""幽玄"等概念则不限于仅就四宾主而言，而是从属于临济实用哲学这个大的范畴的。临济禅师拈出这几个概念，当是表示一种超越主客观之上的理想状态。"幽"，是指在主客观之间自由无碍地变化；"玄旨"，则可解作无法解释的规律。"佛法幽玄"是称颂佛法不为宾主、知行、经权、人境等因素所迷惑，而是始终既能把握住这种自由无碍、不可捉摸的变化，又能把握那些无法解释的规律。因而佛法是大彻大悟的。

如此解说临济之"幽玄"，是否掺杂了太多的我个人的理解？我们无妨再举一例。临济宗第六代名僧、北宋初年的石霜楚圆禅师曾写过一篇《都一颂》：

> 偏中归正极幽玄，正去偏来理事全。
> 须知正立非言说，联兆依稀属有缘。
> 兼至去来兴妙用，到兼何更逐言诠。
> 出没岂能该世界，荡荡无依鸟道玄。

楚圆禅师在颂中借用了属于曹洞宗的概念。正，是体、空、理、绝对；偏，是用、色、事、相对。空是本来无物；色是有万象形；理是精神本体；事是现象世界。曹洞宗有所谓"五位"说，即正中偏，偏中正，正中来，兼中至，兼中到。"偏中归正"，即偏中正，是相对中的绝对，是超越想象而关注精神的意思。全句的意思似可解为：超越现象而关注精神，去发现精神世界中（那些主导这一世界）的规律与变

偏中归正极亘玄正合偏未理

事金须知正立非言说聪眇休辞

应有缘无可更逐言途出没也

能读世界荡荡无依鸟道玄

辛丑秋断飞兄嘱书石霜楚圆诗句 梅强

范梅强书《都一颂》

化，从而达到精神与想象的统一。

此颂里的"鸟道玄"三字也值得注意。鸟道是曹洞宗所谓接引三路之一，指如鸟飞翔，谓之自性自悟。曹洞宗尤其注意这个"玄"的概念，此处既可解作不落言语；又可解作交罗无碍，妙应不穷。

由楚圆禅师的《都一颂》与临济禅师的"佛法幽玄"，我们约略体会到临济宗禅对于"幽玄"的理解。它应是指超越主观与客观、精神与现象的一种精神状态。

日本学者对于临济禅中的"幽玄"是不甚关心的。日本通行的讲法，是认为这一概念最初出现在日本和歌理论中，后为世阿弥引入能乐而得光大。在和歌理论方面，始创者为镰仓时代初期的诗人藤原俊成（1114—1204）。他受后白河法皇之命于1188年编成《千载和歌集》，收和歌一千二百九十首。和歌集的风格是在平安时代吟咏自然变化的传统基础上向主情性发展，他的审美标准被指为是"幽玄"与"艳"。

藤原俊成的"幽玄"又是从何而来？这个问题尚未有明确答案。因为俊成所处的时代稍早些，如说俊成的"幽玄"是来自临济禅的影响，不是完全没有可能，但我们还没有这样的把握。可是，俊成的"幽玄"，很大程度是由后人阐释的。

其中最具权威性的解释，来自足利时代前期的禅僧清岩正彻（1381—1459）。正彻是临济宗在日传播的中心、京都东福寺的书记。他是著名的和歌诗僧，他喜欢俊成之子藤原定家（1162—1241）的华丽香艳的梦幻性歌风，自己创作有万首和歌。他在1448年至1450年间著作了随笔集性质的《正彻物语》，对"幽玄"理念推崇备至。正彻解"幽玄"说：

> 幽玄，存于心而不能言于词者也。薄云翳月，秋雾掩山中红叶，此种风情即为幽玄之姿。

这个说法就和楚圆颂里所谓"不落言语"的意思相同。而正彻用象征的手法解"幽玄"，更是与禅宗的用玄妙之语解说禅法的办法是一样的。这真令人不能不疑心正彻之"幽玄"的来历。更当注意的是，正彻与世阿弥是同一时代人，他们何以不约而同注意到"幽玄"？是否与当时上层社会流行的浓厚的临济宗禅气氛有关？支持世阿弥的足利义满将军身边就有众多日本临济宗名僧，世阿弥身在其中，受其熏陶是理所当然的。正彻则本身就是临济禅僧，更不待言了。而记载临济义玄语录的《临济录》，早在日本元应二年（1320）就已有刊本出现。

　　话说至此，我们既不能肯定临济"幽玄"影响日本"幽玄"，但也不能排除日本"幽玄"受过临济"幽玄"的影响。那么，再看看世阿弥的"幽玄"。

　　世阿弥于 14 世纪末至 15 世纪初写作了东亚第一部戏剧理论专著《风姿花传》。他就是在这部书里提出"幽玄"概念，并将其作为所追求的艺术理念的。世阿弥书里还引用了六祖慧能《坛经》里的偈语：

> 心地含诸种，普雨悉皆萌。
> 顿悟花情已，菩提果自成。

　　这是世阿弥受禅宗熏陶的明证，只是他仅说是"古人"的话，没注明出处是《坛经》。从此又引出一个重要命题：世阿弥还创造了一个概念"花"，用来形容最美的能乐表演。这个"花"字又是否受慧能偈语的启发呢？有日本学者认为这是出于世阿弥对自然的深刻敬爱之心。如此解释固有其道理，但观《风姿花传》全书，与偈语暗合处尤多，这却颇可玩味。当然，世阿弥未必直接去读禅宗经典，禅宗对他应是间接影响为主。至于"幽玄"与"花"受这种间接影响的程度如何，那恐怕是非起世阿弥于地下而不能知道了。

心地含诸种 普雨
悉皆萌 邪情尽情

已善提果自成

辛丑春暨能六祖坛经 梅强

范梅强书《坛经》偈语

在茶道里还有一处值得注意。茶道的茶室里多悬挂禅语，其中常见的禅语有"心随万境转"，即是临济义玄禅师所引过的"古人"语的首句。这里的古人是指禅宗所谓西天二十八祖之二十二祖摩拿罗尊者，又出来了一位古印度国人。茶道此条禅语是否由临济义玄语录里摘出也待考证，而此印度人语受到茶道关心，当是有临济禅师提倡的作用在内。若按茶道表现鸟时只画爪印的含蓄法，这条禅语有没有可能是在暗示着"幽玄"的意思呢？

回到开始时霍尔指出的日本 14 世纪和 15 世纪产生的美学价值观念问题。我注意到，在日本美学中，平安时代美学所突出的是自然美，到"幽玄"等中世美学理念出现，日本美学骤然丰富，大增元气，别开生面，渐渐形成一套新的日本美学。这套新日本美学通过能乐、茶道、和歌等艺术形式表现出来，对后世日本文化的影响至为深远；乃至在今日，对"幽玄"的理解可说是解读日本美学的关键。

以临济禅宗文化为代表的中国宋文化，恰是在中世输入日本的。就整个日本中世文化来说，得宋文化之裨助是毫无疑问的，自不必再争一"幽玄"。事实上，日本"幽玄"是不是受临济"幽玄"影响，也并非何等重要。我所关心的是，在临济实用哲学里的"幽玄"，地位并不突出，且不具备审美意义。但是在日本，"幽玄"经世阿弥与清岩正彻等人的发展而成为一种哲学美学理念，并能为后世的日本人所接受。这个问题更值得我们深思。临济实用哲学基本是以人的意识为基础的伦理学。日本"幽玄"则是以情感为基础，通过感觉、心理来表现哲学美学理念。日本"幽玄"虽是存于心而不能言词，但假如以临济实用哲学的解释为基础，从哲学美学角度，则可将"幽玄"表述作超越主观审美与客观审美之上，追求的是主观与客观互动，达到无物忘我的艺术境界。这个解释，我以为是与今日日本人所说的"幽玄"的内涵相接近的。

银阁将军和同朋众

接着金阁将军足利义满的故事，还需要说说他的孙子，足利幕府第八代将军足利义政（1435—1490，其中 1443—1473 年在位）。如同义满将军与能乐的关系似的，义政则与茶道不可分，他是茶道初创时期最大的赞助者。不过，讲述义政的故事并非是件愉快的事。他的情况很像北宋的徽宗皇帝赵佶——更为巧合的是，他们都是继承了兄长的权力。赵佶大抵除了皇帝没有做好，其他工作都做得很好，甚至是极好。譬如其对茶的研究，著有《大观茶论》，价值就不弱于陆羽《茶经》。足利义政则是把幕府将军的差使干得糟透了，偏却在文化方面贡献甚巨。真不知该怎样评价他们这类历史人物才好。我简直觉得他们不妨换个位置，赵佶来做日本有名无实的天皇，义政去做中国一位挂名而不打仗的将军，两人都会免背恶名。闲话不说，义政比赵佶又幸运得多，是只看到家败而未赶上国亡，九泉之下当令赵佶羡慕不已吧。

足利义政画像（局部）（东京国立博物馆藏）

不说赵佶而单表义政。他也是像义满一样很小就承袭将军位，但他始终没有能够培养起对政治的兴趣。有桩关于他的逸闻亦不妨说说。在奈良东大寺的正仓院里藏有一块1.56米长的巨大黄熟香，其名"兰奢待"，价值堪与连城璧并论。正仓院具有皇家仓库的地位，罕有人能涉足其中，"兰奢待"遂得安睡于兹。孰料这位义政将军在宽永六年（1465）忽然驾临正仓院，立迫该院为他开库截香，在"兰奢待"上首次留下锯痕。因他开此先例，以后织田信长等人亦倚权势来截香，明治天皇也截过两回。义政在此事上所表现出的积极态度，却是他在政务活动中所未见过的。

义政对于政治缺乏兴趣，也缺乏政治才干。他的据说是很美的夫人日野富子（1440—1496）则是个喜欢弄权的人。他们夫妇后来失和而分居，但亦没有能减低富子的政治影响力。日野家和足利家的关系较为特殊，仿佛是以前的藤原家

奈良正仓院

与皇室似的，几乎代代通婚。富子已经是日野家的第五位足利将军夫人了。显赫的家族背景是富子恃以骄横奢侈、敛财干政的资本。日本历史学家对富子的印象尤坏，有的干脆把她说成是挑起"应仁之乱"的罪魁祸首。应仁之乱乃是义政时期发生的一场大战乱，起因是义政的继承者发生义子与亲子之争，各地地力势力乘机参与幕府事务，分别支持一方，结果引发了全国性混战。从应仁元年（1467）开始直至文明九年（1477）方基本结束，京都在战乱中几成废墟。经此动乱，义政更加明白他不可能挽救足利幕府的危局，也如同北宋徽宗似的，索性撒手不管了。他模仿祖父义满建北山别墅的故事，在京都东山脚下营建别墅，把将军职位让给他和富子的亲生子义尚，自己躲进东山别墅，不管政局的冬夏与春秋了。

义政东山别墅也建有一座两层楼阁，原拟贴上银箔，惜幕府财力不济未能实现，却留下了银阁之名。别墅亦称银阁别墅。义政在此借些闲情排遣郁闷，倒也安然度过其晚年。

义政的时代就是乱世吧。作为幕府将军，义政可以隐居别墅，而那个时代的大多数人都不得不饱受乱世的折磨，亦算是乱世里的一道奇观。因为义政对于文化的依赖与热情，有一批优秀的艺术家围聚在他周围，得他庇护于乱世。这些艺术家不仅因此能继续他们的创作，甚至还获得较平日更为优越的创作条件。银阁别墅遂如一座文化的"诺亚方舟"，尽管四围洪波泛滥，方舟上的橄榄枝分外碧绿。当然，能够登上义政的方舟的，都是当时一流的艺术家，义政授予他们一种名为"同朋众"的职务，约相当于文化幕僚，性质在半臣半友半师半客之间，倒有些像中国的翰林。这里需要注意的是，"同朋众"这个称呼，原本是日本佛教净土真宗的说法。足利义政只是直接拿来借用而已。

净土真宗又称一向宗、门徒宗，是受中国佛教影响而形成的日本佛教独有的宗派。其创始人为亲鸾（1173—1263），其出生于京都一个家世并不显赫的贵族家庭，父亲是在皇太

亲鸾画像（奈良国立博物馆藏）

后宫中任职的日野有范。亲鸾九岁出家，在比睿山天台宗寺庙为僧，约三十岁后改投日本净土宗创立者法然（1133—1212）门下，为此受到排挤迫害，被政府流放到偏远的新潟。亲鸾未向现实屈服，终在其五十余岁时创建了自己的学说。他倡导"绝对他力"，认为今生一切俱是前世宿业，只要坚持对阿弥陀佛的"信心",诵念阿弥陀佛名号,则"不简贵贱缁素,不谓男女老少,不论修行久远",皆能凭借阿弥陀佛之"本愿力"而成佛。他还提出"恶人正机"理论,以为"盖自力为善之人,无依赖他力之心,非为弥陀本愿所摄。然如幡然悔悟,舍弃自力之心而依赖弥陀本愿之他力,则必往生真实之报土。烦恼具足之人,作何种修行皆不能脱离生死,弥陀悯此所发宏愿之本意,正是使恶人成佛"。

他的"绝对权力"为一般民众提供了"阿弥陀佛"这样一个有力的精神支柱,"恶人正机"又为一般民众在信仰的同时,不必出家持戒,能够正常谋生及维持正常生活,提供了诸多方便。

亲鸾自己即是其理论的身体力行者,较早即破戒娶妻,生儿育女,公开过起世俗的生活,开创了在家信仰这一新的宗教方式。仰誓编《真宗法要典据》引《进行集》的描述说是"不安本尊,不持圣教,不僧不俗之形,常恒念佛"。这在日本佛教史上堪说是一次重大革命。

亲鸾身后,其子女及门徒分散在各地传播真宗法理,越来越多的民众加入真宗行列,到了义政时期,真宗正是蓬勃发展阶段。真宗门徒仍然从事着自己的职业,不能算作僧侣,他们彼此间号称"同朋"或"同行",以区别于非真宗信仰者。"同朋"或"同行"在各自生活的地方，定期举办带有一定宗教色彩的聚会，继而又在聚会过程中逐渐形成各种教团，并在教团中建立起较为严密的组织结构。

足利义政将军称呼他身边的艺术家们为"同朋众"，这种做法颇可玩味。笔者限于还不能掌握更多资料，无法判断义政与净土真宗之间的关系究竟如何。但是，我们知道，足利幕府的文化工作以往都是由禅宗僧人来担任的，而这一时期，显见是打破了禅宗——特别是"五山"禅僧的垄断，净土真宗的力量开始介入。这是一个极为重要的话题，然而在本书中暂无法展开来做出深入讨论。中国的日本研究家，其实也包括日本的学者，多是习惯于套用中国的模式，片面突出禅宗对于日本文化的影响，却忽视了作为日本佛教的净土真宗的影响。

话题回到足利义政与"同朋众"。这些优秀的艺术家，因为义政将军的庇护，避开乱世的侵扰，乃至是反而获得了较太平盛世更为优越的创作条件。由于"同朋众"人数的限制，其圈子不会太大。在"同朋众"圈外圈，又形成了一个规模略大的圈子，称为"时众"；"时众"以外，还有一个更大的圈子，称为"阿弥"，是一个庞大的艺术群体，如同是净土真宗的一个特别的"艺术教团"。其中囊括了绘画、和歌、茶道、香道、花道、戏剧、音乐、舞蹈、雕塑、建筑及各种工艺人才，他们多与义政将军保持着良好的关系，并不同程度获得足利义政的资助，创造出了足利幕府继北山文化之后的第二次文化高潮。形成了至今犹为日本国民所津津乐道的"东山文化"。日本近现代学者内藤湖南（1866—1934）在其《关于"应仁之乱"》文中评价这一时期的文化成就说，"在思想方面，其他知识、趣味方面都发生了变化，由过去的贵族阶级占有开始转为在普通民众中扩展，这是历史的一个转折点"。而日本文化的这一重要转折，应是与净土真宗的影响有着密切的关联。

以足利义政为核心的艺术家群体所创造的"东山文化"，其中坚力量是"同朋众"，"同朋众"里最著名的人物是"三阿弥"，即能阿弥（1397—1471）、艺阿弥（1431—1485）、相阿弥（？—1525）祖孙三代。他们都是连歌师和画家，但都多才多艺，涉猎范围尤广。日本人引以为自豪的京都龙安寺的枯山水，传即出自相阿弥之手，加藤周一就持此说。艺阿弥的主要成就是绘画，代表作为《观瀑僧图》。能阿弥是著名的"连歌七仙"之一，又是那个号称"阿弥"圈子的领袖，也可以说是当时艺坛执牛耳者。他和相阿弥都曾负责管理过义政收藏的文物和艺术品，他们因此著作了为后世日本

京都龙安寺枯山水

艺术家必读之书的《君台观左右帐记》（其书有能阿弥本与相阿弥本）。

能阿弥还是茶道初创时期的关键人物，通常的说法是，他为义政培养起对茶的兴趣，并把茶道的开山祖村田珠光介绍给义政。

在足利义满时期，宋代大众娱乐的斗茶被略加改造成为日本武士阶层流行的风尚；至义政时期，斗茶会已经在社会上普及开来，寻常百姓也有兴趣举办这种斗茶会。武士阶层则为别于百姓，便向着奢侈的方向积极发展。他们的茶会不仅吃喝讲究，还追求大规模。有的茶会甚至把洗澡都包括进来，有人曾参预过有一百五十人共浴的盛大茶会——这时的洗澡只是难得的生活享受之意，不具备如古希腊那样兼有展示人体美的意义。因此，荻野由之著《日本历史》就批评说：

> 义政当大乱之时，尚耽宴饮。文明五年（1473）于东山造银阁，户窗墙壁皆镂银为之，自号"东山殿"。又于银阁之侧设茶寮，令狩卿桔清绘潇湘八景于障子，命五山之僧徒书诗其上，集和汉古器、名画，屡设茶汤之会以为乐，茶人珠光、同朋众相阿弥最见亲幸。是后茶汤之会盛行，奢侈无极，国家用乏。于是遣使于明请永乐钱，加收课役，借财不偿，号曰"德政"，百姓不堪其困。

这虽多属道听途说，但也可以反映出彼时茶会奢侈之风。参考中国的情况，斗茶会作为流行的时代结束后，其绪风转入生活习惯而得保留。如北京旧有"打茶围"一说，就是朋友聚会吃喝玩乐的意思。正经人家往往视之为恶习，告诫自家子弟不得沾染。日本斗茶会若就此发展下去，大概也不外乎落得这个结局。有趣的是，动手要改变斗茶会风气的，恰正是荻野由之批评的义政等那几位。

义政将军对茶的关心是源自能阿弥的宣传。茶道界承认的说法是，义政某日忽生感慨，说世间有趣的雅事我都做得差不多了，还能做点什么！在旁的能阿弥就答道：由茶炉的声音去想象松涛，把玩精美的茶具，那不是也很有意思吗？就是这句话使得义政动了心。

透过这个故事可以看出，能阿弥所提倡的茶趣，与吃喝加洗澡的斗茶会的趣味是迥异的。这里补说一点，东山文化无疑是以义政的趣味为中心的；而义政对于艺术的趣味，又是以借艺术以逃避乱世的烦恼为主要，流行的斗茶会当然不合口味。能阿弥所提出的安静文雅、远离现实的茶趣，也就对义政格外具有吸引力。

但是，要表现出这样的茶趣还需要花费一番力气。能阿弥此时已经是五六十岁的老人了，他要找一位年轻的合作者来与他共同完成这项工作。村田珠光比他小二十六岁，在斗茶会上表现不俗且有一定知名度，受到能阿弥的赏识。能阿弥就把珠光推荐给义政。日本茶道艺术遂得由此发足。

五山禅僧与一休和尚

在谈过北山文化和东山文化后，还有必要再说说禅宗
僧人的"五山文化"。所谓五山，是日本从中国南宋照搬来
的官办禅寺制度。政府将官办禅宗寺庙分作三级，最高级称
五山，其次称十刹；再次称诸山，就是中国俗称作子孙庙的
小寺。这些寺庙按级别享受政府的供应。日本五山级寺庙分
在京都和镰仓，京都五山为天龙寺、相国寺、建仁寺、东福
寺、万寿寺；在五山之上还有个南禅寺，最为尊贵。既食得
君禄，也就当报答君恩，五山禅寺因此与幕府关系甚近。霍
尔在《日本：从史前到现代》里说：

> 对足利氏将军们的文化世界说来，最不可缺少的
> 是禅宗的僧侣和京都城周边的禅宗寺庙。他们对禅宗施
> 舍比北条氏施舍得更慷慨。几乎把这个教派变成幕府的
> 官方机关。（中略）足利将军们使用禅宗僧侣更甚于北

条，把僧侣当作他们政府的有文化的分支。在京都，相
国寺成了对外联络的中心，外交文件在这里起草，充
当足利氏代理人的僧侣，也在这里做好航海去中国的准
备。不过，足利氏将军们主要是寻找精神顾问和消遣的
伴侣时，才找到五山的僧侣。这种对僧侣的依靠，看来
是由于宗教的考虑。（邓懿、周一良译）

　　和政府关系密切是五山禅僧的特色，而能代理政府外交
事务，是因为他们具有很高的文化素养，特别是对于中国文
化的素养。幕府是由军事机构发展起来的，原中央政府的天
皇朝廷连同它的文官系统一同被闲置在旁，幕府自己的文官
系统又尚未健全，所以幕府代行中央政府职能就难免有力不
从心之感。五山禅僧遂得扮演幕府文官的角色，在外交、文
化、教育、学术等方面发挥他们的长处。

　　前文说起日本早期禅宗是以东福寺开山祖师辨圆圆
尔法系为主的，至足利幕府初期，禅宗主流又被梦窗疏石
（1275—1351）法系所替代。五山禅僧多属梦窗系统。梦窗
在日本有"七朝国师"之称，自足利尊氏起即为足利幕府顾
问，为足利几代将军所倚重。他的弟子据说多达万人，著名
者则有七十余人。所以我将其比作日本禅宗中的"孔子"。

梦窗疏石画像

　　梦窗系统虽然后来居上，但究其出身则与圆尔派（圣一派）同源。圆尔受教于杭州径山寺无准师范禅师。梦窗出自日本禅僧高峰显日门下，高峰则是无准弟子、渡日汉僧无学祖元的高徒。由此圆尔与梦窗系统实际都出于无准师范法系。而此无准禅师是力主释儒合一的，是南宋有名的儒僧。这就是说，圆尔与梦窗系统都继承的是儒僧的传统；五山文化即可说是儒僧文化。

　　昔日圆尔是以"绍径山先师之宗"为己任的，梦窗虽开始注意把禅宗与日本文化相结合，但仍以介绍中国禅宗及中国文化为主。在他们的影响下，五山禅僧对中国文化的学习可说是创造了文化传播中的奇迹，他们在汉诗汉文、书法绘画等方面造诣极深，多有堪与中国文人媲美者。他们还利用从中国学习的印刷术刻书出版，对于普及中国文化做出积极贡献。但是，五山禅僧在学习中国文化方面过于投入，乃至距宗教，距日本文化渐远，遂成深入之孤军，他们所创造的五山文化亦成一代绝学。而他们的做法也在日本受到了批评。

对五山禅僧的做法表示不满的，一是临济宗以外的曹洞宗，一是临济宗内的号称"林下派"的大德寺派。

日本曹洞宗的创始人就是川端康成在《美丽的日本和我》里开篇就提到的永平道元禅师（1200—1253）。他为避免受政治干扰而建寺于深山之中。道元有些小乘色彩，注重形式，强调"坐禅"，以加强禅宗的宗教感。他甚至不主张弟子读孔子老子之书。其后世有莹山绍瑾禅师（1268—1325），致力于在民间发展曹洞宗教团。吸收了日本神道信仰部分内容，完成了曹洞宗的日本化。在道元、绍瑾的基础上，曹洞宗在日本的势力不断扩大，竟成与中国相反的"曹天下，临一角"之局。陈寅恪曾引用谢灵运《辨宗论》里的话，

以为至为有理。谢云:

> 华民易见于理,难于受教,故闭其累学而开其一
> 极。夷人易于受教,难于见理,故闭其顿而开其渐悟。

这段话之所以精彩,可说是揭示了文化传播的一种规律:同文化间的文化传播以说"理"为要,而异文化间的文化传播则不能忽略其理解"理"之过程与形式。日本以圆尔梦窗等为代表的早期临济宗主流,即过于看好中国禅宗所谓"顿悟"的办法,以致大部分日本人无从入手理解,也就没办法参与其中。所以曹洞宗之在日本流行,当与其做法符合这一文化传播规律有关。

再说临济宗里的大德寺派。大德寺派以在野派自居,与五山禅僧对立。在宗教方面,他们后来也借鉴永平道元的做法,重视"坐禅"形式,重视在民间传禅。在政治上,他们也并非是要远离政治,而是反对五山的与幕府密切来往,亲近失势的天皇朝廷。亲皇是大德寺的传统,当日曾发动倒幕战争并建立南朝与足利幕府对峙的后醍醐天皇,曾亲笔降诏给大德寺,称:

大德禅寺者，宜为本朝无双之禅苑。安栖千众，令祝寿年；门弟相承，不许他门住。不是偏狭之情，为重清流。

所以，从足利幕府的角度看，冷落大德寺也在情理中。不过，这种冷落与放任自流又未尝没有好处。好处之一，就是造就了那位风流不羁、天马行空的高僧一休宗纯禅师（1394—1481）。

我说"那位"，是学川端的口气。川端康成在《美丽的日本和我》里说：

在这里，我之所以在"一休"上面贯以"那位"二字，是由于他作为童话里的机智和尚，为孩子们所熟悉。他那无碍奔放的古怪行为，早已成为佳话广为流传。他那种"让孩童爬到膝上，抚摸胡子，连野鸟也从一休手中啄食"的样子，真是达到了"无心"的最高境界了。看上去他像一个亲切、平易近人的和尚，然而，实际上确实是一个严肃、深谋远虑的禅宗僧侣。（叶渭渠译）

我也由于电视动画片的影响，说到一休便想到的是那亮眼睛光脑袋的小和尚。迁居日本后看到他的画像和塑像，竟然大失所望起来。他的实相是：蓬头垢面，八字眉，翻鼻孔，扁头大嘴，胡子拉碴，其貌难以恭维。

略其貌而说其人。一休法名宗纯，出身皇室，是后小松天皇（1382—1412 年在位）之子。后小松天皇在位时期正是足利义满鼎盛的时代，义满不仅和天皇平起平坐，更有甚者，义满的夫人竟然继承了故去的皇太后的名号。这时的皇室只能是忍受屈辱，勉强维持。可是，即便如此，皇室内部还不能安定。后小松天皇于应永十九年（1412）退位为上皇，其子称光天皇即位。称光天皇一直体弱多病，上皇考虑立称光之弟小川宫亲王为皇太子，准备接替称光天皇。不料此举引起称光和小川宫兄弟间猜忌，小川宫亲王忽然患暴病而亡，年仅二十二岁，他的死至今仍是日本史的一个不解之谜。作为后小松天皇皇子的一休，压抑迷乱的宫廷生活，使他的童年成为一种并不愉快的记忆。雪上添霜的是，他在六岁又被送进寺

一休宗纯禅师画像

院，跟从京都安国寺象外集鉴禅师学禅，同时向建仁寺慕喆
龙攀禅师学习汉文化。这位可怜的皇子天资过人，据说他少
年能诗，有咏春草句为人传诵一时。其句云：

荣辱悲欢目前事，君恩浅处草方深。

假如这样的诗句真是出自他手，以他那样小的年纪，能
作如此沉痛语，背后当有怎样的苦难！今日思来犹令人为之
酸楚。

又有一首传为他十五岁时所作的《春夜宿花诗》，可信
程度高于春草句。诗云：

吟行客袖几时情，开落百花天地清。
枕上香风寤耶寐，一场春梦不分明。

这种豪华的、颓废的强烈感受与其中暗示的肉体堕落
观，总使我不禁想起法国浪漫派的诗人们。而诗里那化不开
的愁情又使我们对于一休年轻时的两次自杀经历能若有所
悟。这种情绪，很可能是他后来向着禅的精神世界作不懈追
求的内在动力。

一休在二十二岁时遇到一位严师，大德寺派的华叟宗昙禅师（1352—1428）。一休在华叟门下苦参五载，留下闻说书而悟道，闻鸦叫而悟道等许多富有传奇性的故事，成为关于他的童话的底本。电视动画片有处至为传神：每到一休用功参禅停不下来之际，就有个小女孩来提醒说，"休息一会儿"。这令我想到《金刚经》所说的：

凡所有相，皆是虚妄。

这就是说，既不可执着于"有"，其实又何可执着于"无"呢？既不可执着于肉体，同样也未必就当执着于精神。但现实往往是，执着于"有"与执着于肉体时，总会遇到来自周围人的提醒；而在执着于"无"与执着于精神时，却少有人能像这个小女孩似的出来提醒我们注意偏差。

动画片与《金刚经》都放下。一休苦苦参禅的结果是，他做到了最终连精神束缚亦摆脱开了。在获得华叟印可后，随手就把印可状丢掉了。旁边有人看到忙帮他拾起来，一休索性就把这印可状直接丢进火盆里。这种反常举动刚好说明他已经完成了精神的超越。他为自己取别号名"狂云子"，常年在外云游，居无定所；与市井之人为伍，说禅行乐；既出入于青楼寻欢笑，亦能安于布衣粗食，更能兴来呼酒助长歌。用他的诗句说，是：

> 住庵十日意忙忙，脚下红丝线甚长。
>
> 他日君来如问我，鱼行酒肆与淫坊。

　　像一休这样能精神肉体两弃之者，在世间当是少而又少的吧。于是，在多数人看，就觉得一休怪，进而对这个怪人感到好奇。一休遂成引人注目的人物，在当时就名气颇大。

　　话说回来，他的怪，除其获得禅悟的原因外，还有一重因素，就是他还是位诗人。白居易有《闲吟》诗云：

> 自从苦学空门法，销尽平生种种心。
>
> 唯有诗魔降不得，每逢风月一闲吟。

　　白有将诗与禅对立起来的意思。而一休之禅与诗在一休身上是既合亦分，时分时合，分合自如，使人难以捉摸。他的诗心与禅宗所谓平常心相通，作诗如吃饭睡觉似的，要作便作，作过即过。这样作出的诗自然是不同于"新诗改罢自长吟"的诗。因此连川端康成亦觉一休诗怪：

> 一休自己把那本诗集，取名《狂云集》，并以"狂云"为号，在《狂云集》及其续集里，可以读到日本中世的汉诗，特别是禅师的诗，其中有无与伦比的、令人胆战心惊的爱情诗，甚至有露骨地描写闺房秘事的艳诗。一休既吃鱼又喝酒，还接近女色，超越了禅宗的清规戒律，把自己从禁锢中解放出来，以反抗当时宗教的束缚，立志要在那因战乱而崩溃了的世道人心中恢复和确立人的本能和生命的本性。（叶渭渠译）

川端以为一休写艳诗是件特别的事情。这还是用禅外的眼光来看。中国禅宗僧人作艳诗者不乏其人。如《五灯会元》卷二十记法演禅师上堂就说：

> 佳人睡起懒梳头，把得金钗插便休。
> 大抵还他肌骨好，不涂红粉也风流。

再如也是禅宗大人物的圜悟克勤禅师（1063—1135），索性就是以作艳诗而得禅悟的。《五灯会元》卷十九，《续传

灯录》卷二十五之《克勤禅师传》等书都说到这件事。且圜
悟禅师悟后有偈：

> 金鸭香销锦绣帏，笙歌丛里醉扶归。
> 少年一段风流事，只许佳人独自知。

他的老师闻此艳偈大喜，道："佛祖大事，非小根劣器
所能造诣，吾助汝喜。"师又"遍谓山中耆旧"云："我侍者
参得禅也。"直到近世名僧巨赞和尚还曾对此评论说："圜悟
从小艳诗悟入，悟后诗偈深得诗中三昧，可见也是一个极有
文学天才的人。"这也是嘉许的意思。圜悟克勤禅师作为禅
宗一代宗师，临济宗杨岐派即是至他而法席大盛。他的弟子
有大慧宗杲与虎丘绍隆者，对后世影响甚巨，他们的弟子是
杨岐派主要力量。辨圆圆尔师无准师范即是虎丘绍隆的第五
世传人。日本学习中国禅宗，开始时未免拘谨，随中国老师
悟道而亦步亦趋。一休则打破了这种约束，他对圜悟克勤禅
师极为敬重。他超越了中日数代祖师，以其天才远绍临济而
直追圜悟，这正是一休过人之处。而他能把自己老师华叟宗
昙的印可状烧掉，但却精心保存着圜悟的一幅墨迹，可见其
对于圜悟的尊敬。后来一休把这幅墨迹传给茶道开山祖村田

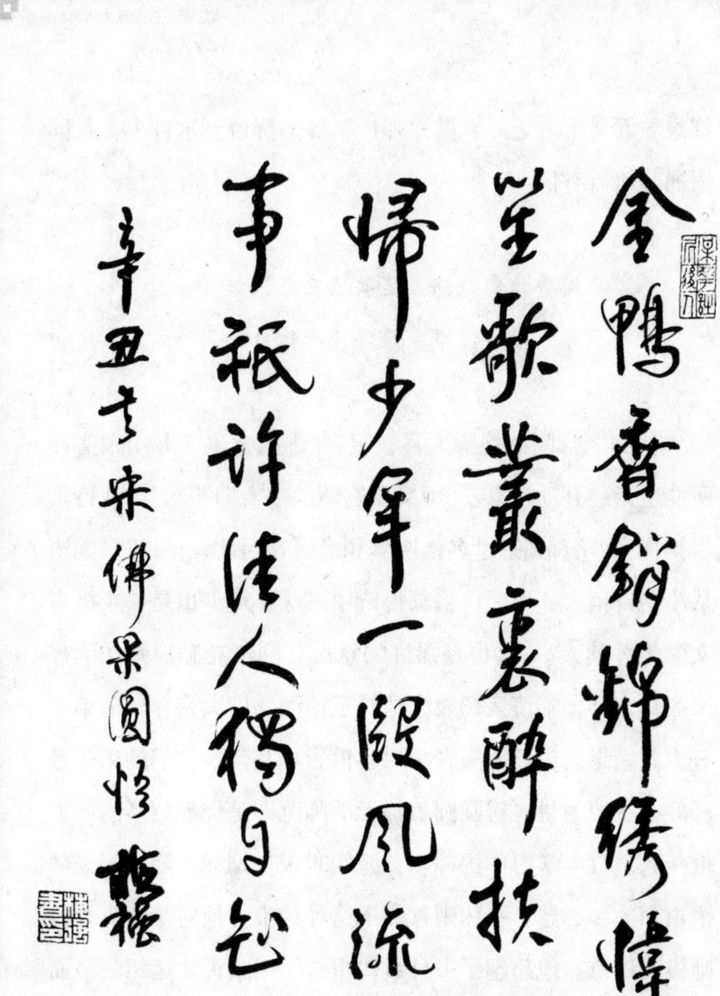

金鸭香销锦绣帷，笙歌丛里醉扶归。少年一段风流事，只许佳人独自知。

辛丑之末佛果圆悟蘸禄

范梅强书圆悟克勤禅师偈语

珠光。由珠光下传，此墨迹遂成茶道重宝。可惜的是，在流传中有半幅被人截走后神秘失踪了，余下的半幅今藏于东京的国立博物馆，更被列作国宝。不过，如今日本茶道弟子多不知这位圜悟禅师竟是由艳诗得悟的。

一休宗纯禅师晚年遭逢"应仁之乱"，大德寺为战火所焚。一休在战乱中受敕命，于文明六年（1474）以八十一岁高龄出任大德寺第四十七代住持。他就任仅一年即使得寺中僧侣恢复到千人之多。一休又在他的市井商人朋友们的帮助下，于短时期内即将大德寺建筑恢复到一定规模。大德寺僧人至今仍感念一休的再建伽蓝之功。一休把这些事情做得差不多之后，就辞去了住持之职。辞职的原因很难说清，可能是已经不习惯寺中生活的约束，也可能是看不惯后辈的所作所为；又据说他在晚年还与一位双目失明的美女有一段恋情。不论原因到底是什么，像他这样的天才总是难与人共同生活的罢。一休辞任后又开始流浪，最后以八十八岁高龄在京都郊外一座小庙里辞世。其庙名酬恩庵，俗名一休庵。

谈到他对寺中后辈不满，实际是他对当时五山及大德寺派的禅风均持否定态度。其晚年自赞顶相就道：

华叟子孙不知禅，狂云面前谁说禅？

　　三十年来肩上重，一人担荷松源禅。

　　至圆寂前又以比自赞更严厉的口气留下遗偈：

　　　须弥南畔，谁会我禅？
　　　虚堂来也，不值半钱。

　　松源是指松源崇岳，虚堂是指虚堂智愚，这两位都是南宋有名的禅师，按辈分说，可说是他的祖师爷了，一休最后就连祖师爷也否定了。从他早年的"君恩浅处草方深"到临终的"虚堂来也，不值半钱"，我们可以体会到其一生曾拥有过何等丰富何等曲折的精神生活。在这种经历中完成的他的思想，无疑也是独特而深刻的。

第四章

茶道的开山祖村田珠光

佛法即在茶汤中

·············

一休宗纯禅师在当时信徒很多，但禅宗里的法系不盛，这可能是因为他的禅风与当时禅宗风气格格不入的缘故。且其精深处高不可攀，遂难免成阳春白雪之叹。至于从他参禅的信徒，多为他的人格魅力所吸引；兼之他对社会中下层尤其亲近，不像五山禅僧那样倚仗政治势力高高在上，也使他赢得了市民和商人阶层的敬爱。值得注意的是，有一批非五山文化圈的艺术家跟从一休参禅，从中汲取营养丰富自己的艺术，其中较为著名者有能乐师金春禅竹、画家曾我蛇足、连歌师宗长和茶道的开山祖村田珠光等。特别是村田珠光，他可谓是站在一休这位精神领袖的肩上，同时又得到银阁将军足利义政的物质支持，在此两大基础上开创了茶道艺术的。

村田珠光（1423—1502）是奈良人，本名茂吉。十一岁在奈良称名寺出家为僧，后来对单调枯寂的净土僧侣生活渐生厌倦而还俗，开始四处流浪。流浪期间，作为谋生的工作之一，他在各地举办的斗茶会上充任"判者"——很可能是更接近记录员的性质，这种经历使他对于流行的斗茶会相当熟悉。

在他大约三十岁的时候，发生了一件改变他的人生的大事，就是遇到比他大三十岁的大名鼎鼎的一休。珠光最初听到一休讲说禅法，感到如闻惊雷般的震动，于是重归寺院，师从一休学习禅宗。禅宗的参禅方式之一是师徒问答。数年后的某日，一休与珠光在问答时，一休举出中国赵州从谂禅师著名的"吃茶去"的公案要珠光参究。这桩公案，《古尊宿语录》记作：

> 师（赵州禅师）问二新道："上座曾到此间否？"云："不曾到。"师云："吃茶去。"又问那一人："曾到此间否？"云："曾到。"师云："吃茶去。"院主问："和尚，不曾到，教伊吃茶去即且置。曾到，为什么教伊吃茶去？"师云："院主！"院主应诺。师云："吃茶去。"

曾到与不曾到，都教去吃茶；有人问这是为什么，也被教去吃茶。赵州禅师话里到底藏着什么奥妙？这就需要大家费力去理解。而这段问答附带的效果，因为连用三次"吃茶去"，茶的地位被凸显出来。原本饮茶风气就是和尚们带动起来的，赵州的这桩公案又成为对茶的很好的宣传。

事实上此时茶已频繁出现在禅门问答里。禅门问答中的"茶"约可分三种情况：第一种情况是，茶即是茶。禅宗僧人里流行饮茶，以茶待客及自饮都已是日常生活的内容。在《五灯会元》《古尊宿语录》等记载里常见有"茶话次""茶汤毕""吃茶次"等话，就都是一般的饮茶的意思。

第二种情况是：茶不是茶，而成为一种符号，表示日用。所谓"且坐吃茶""归堂吃茶""吃茶去"变成熟语，禅师动不动就这样对弟子说。盖因禅宗的重要主张之一，即如临济义玄禅师所说："佛法无用功处，只是平常无事，屙屎送尿，困来即卧。"又，"只是平常着衣吃饭，无事过时"。饮茶既已像穿衣吃饭似的为日常所必需，便也像穿衣吃饭似的有资格被拿来解说此一禅理。如日本曹洞宗高僧莹山绍瑾禅师就说，"逢茶吃茶，逢饭吃饭"。禅师们对弟子说"归堂吃茶"之类的话，意思是说要注意道在日用，平常心是道。茶变为日用的符号之一。

以上两种情况也还不算复杂，难的是第三种情况，即禅师们似乎有意要在事实的"茶"与符号的"茶"之间跳进跳出，遂令人无终把握住他们究竟在说什么了。譬如云门文偃禅师的话：

> 师因吃茶次，云："茶作么生滋味？"僧云："请和尚鉴。"师云："钵盂无底寻常事，面上无鼻笑杀人。"无对。师云："趁队吃饭汉。"代云："只守是。"又代以茶便泼。又云："且待某甲点一碗茶。"

他开始吃的茶自然是真正的茶了，但到他问"茶作么生滋味"时，就不能肯定他是指茶或是要说"日复一日的平常生活为什么会吸引我们"之类的意思，大家就无法立时回答。乃至"以茶便泼"，难道是要我们舍弃日用吗？偏他又来了"点一碗茶"来。这里的"茶"字就变得实难捉摸。

类似"茶"这样的情况，禅门问答里还很多。如黄檗断际禅师曾说，"无"字是个话头：

> 看个"无"字，昼参夜参，行住坐卧，着衣吃饭处，屙屎放尿处，心心相顾，猛着精彩，守个"无"字，日久月深打成一片，忽然心花顿发，悟佛祖之机，便不被天下老和尚舌头瞒。

这"茶"的第三种情况即如此处之"无"字，也已经成为一个话头。从这个角度去想赵州从谂禅师的"吃茶去"，其意思或是，所谓曾到不曾到，不必去刻意关心；只以主观的不变的平常心，去应付客观的多变的现象世界。一味纠缠在曾到与否，就难免掉到赵州老和尚的陷阱里。

绕出个大圈子，该绕回一休与珠光的问答。一休举出赵州话要珠光参悟时，珠光先是也弄不准赵州意在何处，迟迟不能作答。一休为启发珠光，就命人端一碗茶来送与珠光。珠光刚刚接茶在手，一休大喝一声，一掌将茶碗打翻在地。这一串动作大概是说，送来的茶当然是茶，打翻则说此茶又不可果真当茶喝。珠光从一休的做法里似有所悟。遂答云：

柳绿花红。

我理解此四字的意思是：送来的茶虽然是茶，但更意味着是一种被动被接受的成见；对于这种成见应有所怀疑，甚至否定。之后，再由自己亲身体验茶之所以为茶，并懂得茶的好处。这才是自己真正认识到茶这种客观存在。柳绿花红，是由主观出发而发现客观世界的美好。

那么，赵州的话头与珠光的四字答语，就都是在说明要先发现自己的本性，其后才能感知己身以外的世界的意思。这个意思，六祖慧能在《坛经》里也说道了：

> 值印宗法师讲《涅槃经》。时有风吹幡动，一僧曰风动，一僧曰幡动，议论不已。慧能进曰："不是风动，不是幡动，仁者心动。"一众骇然。

一休禅师从珠光的回答里也知道珠光是体会到禅宗的真谛了，他表示珠光已经获得禅悟。为表示对珠光的认可和器重，一休把自己珍藏的圜悟克勤禅师墨迹赠给了珠光。这幅墨迹即成茶道重宝。

由茶得禅悟的村田珠光，更是与茶又结一重缘分。他把对于佛法的探求寄托于茶，提出"佛法即在茶汤中"的主张。这一主张，后来成为茶道精神的基石。以后足利义政将军曾问起珠光，何为茶道大意。珠光回答说："一味清静，法喜禅悦，赵州知此，陆羽未曾至此。人入茶室，外却人我之相，内蓄柔和之德，至交接相之间，谨兮敬兮清兮寂兮，卒以及天下泰平。"（《珠光问答》）这就是说，他所继承的乃是赵州和尚以茶喻禅的传说，而陆羽却还是以茶论茶。

确立茶道精神的《心之文》

　　一休之禅从精神上启发了珠光在主观上自我意识上的觉醒。而一休对禅林风气的那种深恶痛绝亦是给珠光以很深印象。珠光在得到禅悟以后，还观他曾经非常熟悉的斗茶会，就也会不由自主地产生出一种类似一休之于禅林的情绪。当时的斗茶会基本是停留在娱乐层次，大吃大喝甚至连洗澡都被包括在内了；这样发展下去，只能是不断追求物质上的奢侈与更强刺激的娱乐效果，最终会导致斗茶会堕落为一种社会恶习。珠光的觉悟使他清楚地看到斗茶会存在的这种潜在危机，于是决心动手改造斗茶会，使之能够得以在精神上升华；或者说，他要以一休之禅来提高斗茶会的精神层次。

　　在以往的中国禅宗问答里，茶虽有像"无"那样的话头的作用，却未获得像"无"那样的显赫地位。茶只是一种普通的"禅道具"罢了。珠光把茶从精神上与禅连接起来，形成"茶禅一味"思想，茶由此获得了在中日两国茶文化史上都前所未有的重要位置。这是珠光的一大贡献。也有说法是，"茶禅一味"的话本是来自中国，即便如此，珠光的光大之功亦是对这一思想的成立起到决定作用。

十分可惜的是，关于珠光的资料过少，使我们无法对于他的事迹做出全景式的描述。然正所谓管中窥豹，从有限的记录里亦可窥其一斑。举例如：自足利义满时代以来的斗茶会都是喜欢悬挂中国画，乃至像办画展似的挂满一面墙。这无疑是一种对"唐物"——进口货的爱好，且是充满借此炫耀的虚荣心。珠光对这样的做法尤其反感，他只是在茶室最明显的位置悬挂起从一休处得来的圜悟克勤禅师墨迹，又要求来参加茶会的客人进门后要对此墨迹行礼，以示对前贤的尊重。珠光之后，茶室里悬挂禅僧墨迹的做法遂成为规则——书法的优劣不必去特别讲究，但内容与书写者的品行都要经过筛选。内容通常是简短的禅语，这很可能是话头禅之遗风，表示在饮茶时也不忘参悟话头的意思。作为书写者来说，墨迹能悬挂在茶室，也是一种难得的殊荣，很少有人能具有这样的资格。虽然从挂满墙中国画到悬挂禅僧墨迹仅是珠光改革的一项内容，我们从此处即可体会到他要把肤浅的中国趣味、炫耀进口货的低俗爱好，改造成对精神的崇尚与对精神世界的探索的良苦用心。

不幸中之大幸，珠光留下资料虽少，他的阐述其茶道思想的重要文章《心之文》却得以流传至今。这篇短文集中表现出他对改造斗茶会的思考，内涵十分丰富。其文译作现代汉语作：

此道最要不得的是高傲与自以为是、突出自己之心。那种嫉妒高明者、鄙视初学者的做法，尤其不好。应该尽量去接近高明的人，这样就能发觉自己的不成熟处并及时请益；对待初学者则要尽可能地予以培养。此道中最重要的是能融合和汉之境界，于此处最要用心。近来人们总喜欢说要领略枯淡之境界，有些初学者就用上如备前、信乐这样好的艺术品作为茶道具，尽管他人还未必认可其艺术，但他自己就先自以为是沉浸于深奥的艺术气氛中而自我陶醉了。这就真是没办法说了。所谓枯淡之境界，亦是由循序渐进而来。得到好的器具，应先好好去体会玩味，根据自己的能力而创造出一个适当的境界来。这样一步一步做下去，在境界上不断深入，那才是有意思的。得不到好的器具的人，索性就不要拘泥于器具才好。重要的不是器具而是人，如何如何高明的人仍有必要经常地感叹一下自己还不够十分成熟，要保持住这样的谦虚。而无论怎样，高傲和突出表现自我都是最不可取的。当然，自信心也是不可缺乏的。既避免"我执"又不失自我，这就是所以称之为"道"的缘故。所以，古人说得好，"成为心之师，莫以心为师"。如上所说也就是这个意思吧。（飞雪译）[①]

村田珠光在此文里特别使用了一个"道"字。此前，日本只是沿用中国的说法，称茶会或茶汤；由珠光始称茶为"道"，日本茶道即由此发端。茶道之别于茶会茶汤，首先在于其精神世界的丰富，这篇《心之文》就是茶道立道根本。

需要说明的是，这个"道"字在中国，意思甚是复杂。"道可道，非常道"六字就包括几种讲法。更有"文以载道""大道之行也"，等等。《现代汉语辞典》（修订本）直接把日本

[①] 本文所用的译文是由已翻译成现代日语的文本来译的。滕军女士《日本茶道文化概论》里亦引有《心之文》，其文是：

此道最忌自高自大、固执己见。嫉妒能手、蔑视新手，最最违道，须请教于上者、提携下者。此道一大要事为兼和汉之体，最最重要。目下，人言道劲枯高，初学者争索备前、信乐之物，真可谓荒唐至极。要得道劲枯高，应先欣赏唐物之美，理解其中之妙，其后道劲从心底发出，而后达到枯高。即使没有好道具也不要为此而忧虑，如何养成欣赏艺术品的眼力最为重要。说最忌自高自大、固执己见，又不要失去主见和创意。

成为心之师，莫以心为师。

此非古人之言。

茶道之"道"解作"技艺；技术"，这是不大妥当的。而日本现在则是把"道"解作"路"，又有对其中的精神方面意味强调不足之感。若在中国种种讲法里选择一种与茶道之"道"较为接近的说法，我以为是"体道"。六祖慧能的法孙马祖道一禅师（709—788）主张能认识本来清净的自性就是佛，但是常识的杂念会污染自性，所以要用各种方法破除杂念，重新发现自性。他常说：

若欲直会其道，平常心是道。

又：

触类是道而任心。

马祖道一很少用"佛性"一词，而是素以"道"字或"无相"来代替。这个"道"字当是对老庄哲学的借鉴。老庄加马祖，他们所讲的体道，就是通过直觉使个体意识与超自然的精神进行交流，令自身与宇宙浑然一体，从而获得永恒。所谓平常心是道，就是从顺乎自然入手而发现生命的本来面目。马祖创立洪州禅，宣讲平常心是道的观点。洪州禅弟子尤多，势力颇大，是后世五家七宗的基础。赵州从谂禅师是马祖法孙，也是宣讲平常心的。马祖另一法孙临济义玄创立临济宗，仍是继承了马祖禅法。临济子孙传至南宋杭州灵洞护国仁王禅寺无关慧开（1183—1260），收了位日本弟子名无本觉心（1207—1298）。慧开将自己所著《无门关》和自己之师月林师观禅师所书《体道铭》赠给觉心。觉心在日本古代禅僧里的影响不能算大，但他传来的慧开禅法却很重要，特别为大德寺派所重视。慧开还有一首诗在日本深受欢迎：

　　　　春有百花秋有月，
　　　　夏有凉风冬有雪；
　　　　若无闲事挂心头，
　　　　便是人间好时节。

　　无关慧开及月林师观《体道铭》是否通过大德寺派禅法而影响村田珠光，这难考证，但以"平常心是道"来解"茶道"，我以为更恰当些。正如马祖弟子大珠慧海所说："心真者语默总真，会道者行住坐卧是道。"茶道可说是"会道者茶亦是道"。

　　当然，到底如何是茶道之"道"，不是三言两语能说清

春有百花秋有月

夏有凉风冬有雪

若无闲事挂心头

便是人间好时节

辛丑秋于宋慧开诗句 梅强

范梅强书慧开诗句

的。以上仅是我之管见。可是，简单解释作技艺技术，终是过于唐突。

"道"既难道，转说几句关于《心之文》的理解。此文的理解不可离开禅宗的思想。其主题当系禅宗所说的"自性"。《坛经》云：

> 万法在自性。

又：

> 一切法尽在自性。

又：

> 佛是自作性，莫向身外求。

珠光的"柳绿花红"即是一种对"自性"的发现。珠光把"自性"敷衍作茶道的主观审美论，即如何由茶人的内心世界出发去把握、表现所谓枯淡之美的境界；所以茶具好坏是次要的，再好的茶具如没有人由内心去感受，也不能成为美。也就是说，要由亲身体验来发现客观世界的"柳绿花红"。珠光又进一步谈到，人的内心世界也需要培养，把握与表现美的程度是和人的精神修养紧密相关；而人对于这种修养的追求又是无止境的，通过不断加强修养来不断超越自我。

在珠光的理论里还有两点应予注意。一是他没有选择禅宗"顿悟"的办法，而是取循序渐进之法，这是与一休之禅的不同之处。二是珠光强调要融和汉之境界，这实际上是对于一味追求中国趣味的批评。从珠光重视"自性"的角度看，如果失掉日本人自身的审美趣味，其"自性"就不能成其为"自性"，或者说倒成了中国人的"自性"了。所以珠光以为，中国文化只可作为提高修养的手段，而不能代替日本人的内心世界去感受客观存在。这两点对于以后茶道的发展是至关重要的。

能阿弥和同仁斋茶道

村田珠光很幸运的是，在他开始着手创立茶道之初，就得到当时身为艺坛领袖的能阿弥的赏识和帮助。艺术上已经成熟的能阿弥，这时正热衷于一种艺术的纪律化工作。他的这种艺术倾向较为明显地表现于其所著的《君台观左右帐记》。作为足利义政身边负责文物和艺术品收藏管理的"同朋众"，能阿弥将这些藏品登记造册；同时还在册中按照他的审美趣味，对于如何运用这些艺术品进行室内布置，做出具体而细致的规定。譬如具有代表性的"三具足"。这是在一张矮几上并排摆放烛台、香具、花瓶的"炉瓶三事"，用以迎接身份高贵的客人的一种陈设。看来此种陈设似是受到佛教供佛的启发，但花瓶里的插花被要求要别具姿态，为此陈设于庄重典雅外增加了许多生机与灵动感。后来这种插花发展成为一种独立艺术，就是花道。能阿弥就是通过如"三具足"这样的做法来营造其形式美的。这位能阿弥对于斗茶

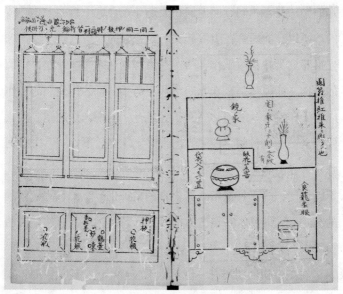

《君台观左右帐记》书影

会也很有兴趣，他似乎也有心要把他的艺术纪律化风格引入
茶会。在此之前，足利义满时代曾制定有武士阶层礼法的
《三议一统大双纸》，其中包括对茶会礼仪的规定。能阿弥在
这一礼法规定基础上，又对着装、动作、茶具摆放等内容进
行精心设计，使呆板的礼仪里增加了美的意味。

这时村田珠光也已开始动手改造斗茶会，并且因在斗
茶会上所表现出的与众不同的茶风而声名鹊起。珠光与能阿

弥的做法并不相同，但他们在改造斗茶会这一目的上是一致的。所以，能阿弥在引发起义政对茶会的兴趣以后，就把珠光推荐到义政身边工作，两位茶道初创期的大师开始了他们的合作。能阿弥是在珠光四十八岁那年去世的，他们的合作应有十年左右。能阿弥颇有长者风范，据说合作之初，两人同为义政茶道教师，能阿弥居上座，珠光居下座。后来能阿弥对珠光的做法表示赞赏，改请珠光居上座。他们互相补充、不断切磋，终于打造出既具丰富的精神世界，又有完整精致的艺术形式的日本茶道艺术的雏形。昔日的斗茶会从此脱胎换骨。

在茶道初创期还有一位功臣不应被忘记，就是银阁将军足利义政。义政是在珠光六十七岁时才去世。这就是说，能阿弥、珠光与义政相处的时间都不算短。他们既得到义政的有力支持，又不能不考虑要照顾义政的趣味。最能体现这一点的是在银阁别墅中的东求堂同仁斋里所举行的茶道活动。

以义政趣味为中心的银阁别墅于文明十四年（1482）开始营建，东求堂则是迟至文明十七年（1485）才落成。这都是能阿弥殁后发生的事。珠光是否参与过银阁别墅或东求堂的设计，现在还没有资料能做出证明。

东求堂

　　东求堂在日本建筑史上的地位甚高，具有里程碑的意义。此前日本建筑的主要风格是寝殿式、禅宗式和金阁寺那种折中式；东求堂则是新的建筑风格——书院式确立的标志。书院式建筑以后成为日本武士家庭的基本样式。

　　书院式建筑基本是对寝殿式的继承，铺设榻榻米，用纸拉门隔出一个个小房间，每个房间都有顶棚。但对于每个房间的设计更靠近住宅机能，相对专用化的空间增多了。这种建筑还有一个重要特色，是拥有一个小书斋——日语里的"书院"即是书斋的意思。这个小书斋的设计是相对固定的，大小是四张半榻榻米，也就是八平方米左右。[①]书斋里有个嵌在墙壁间的长几，日语称"付书院"，即书桌。书桌旁，也是在墙壁间嵌着的还有一个类似中国多宝阁似的架子，叫作"棚"，用途亦与多宝阁相似，摆放艺术品及各种文玩用的。[②]

---

① 四张半榻榻米房间，在日本有"京之间"与"江户间"之别，或者还有北海道的一种。"京之间"流行于京都、大阪一带。一张榻榻米长1.9米，宽0.95米，则四张半的面积为8.12平方米。"江户间"流行于东京一带，又称"田舍间"，一张榻榻米长1.76米，宽0.88米，四张半的面积为6.97平方米。此处为"京之间"。

② 周作人《日本的衣食住》引黄遵宪《日本杂事诗》注：

室皆离地尺许，以木为板，藉以莞席，入室则脱屦户外，袜而登席。无门户窗牖，以纸为屏，下承以槽，随意开阖，四面皆然，宜夏而不宜冬也。室中必有阁以庋物，有床第列器皿陈书画。（室中留席地，以半掩以纸屏，架为小阁，以半悬挂玩器，则缘古人床第之制而亦仍其名。）楹柱皆以木而不雕漆，昼常掩门而夜不扃钥。寝处无定所，展屏风，张帐幕，则就寝矣。每日必洒扫拂拭，洁无纤尘。

周作人自己也说：

室之大小以席计数，自两席以至百席，而最普通者则为三席，四席半，六席，八席，学生所居以四席半为多。户窗取名者用格子糊以薄纸，名曰障子，可称纸窗，其他则两面裱暗色厚纸，用以间隔，名曰唐纸，可云纸屏耳。阁原名户棚，即壁橱，分上下层，可以分贮被褥及衣箱杂物。床第原名"床之间"，即壁龛而大，下宿不设此。

梅兰芳《东游记》里更把"床之间"解作：是日本式的房子里在上首有一个类似北京旧式房子里的"落地罩"，是房间里比较庄严的地方，在这里面专设珍贵物品如名画、宝刀等。

黄遵宪、周作人、梅兰芳等人所说，即是日本后世以书院式为基础的居室的样子。被称为壁龛的"床之间"，可以看作"付书院"的一种变格。"床之间"系在坐席上首的墙壁间凹进约一张榻榻米大小，不设几，而是造起略高于座席一张榻榻米高度的台子，用来摆放花瓶香炉等物，台子上方则可悬挂字画。"付书院"临窗，"床之间"远窗。梅兰芳的观察很细，他注意到"床之间"位置在房内上首，这一点非常重要。

同仁斋

　　东求堂里的小书斋名同仁斋，义政的茶道活动即是在此进行。这一场所决定了此处茶道活动的特色。首先，这并非是一间专用茶室，主人是义政而非珠光，珠光所能做的仅是因地制宜因人点茶而已。其次，在这狭小封闭的空间里，不可能像一般斗茶会那样吃喝娱乐，安静地品茶是这里茶会的主题。最后，点茶者与饮茶者均须跪坐在榻榻米上，彼此距离很近，因此动作、陈设、茶具、色彩、光线、声音等，都要经过考虑设计，力求创造出优雅和谐的气氛；否则，很容易引起对方的不安或不快。结果，这种斗室内的茶会反因这些特色而别具风格，兼之为义政将军所提倡，竟成一时风尚。同仁斋茶道是从斗茶会向茶室茶道的转折，同仁斋也在茶道史上具有崇高地位。

那位足利义政将军晚年便离开夫人儿子，躲进东求堂里消磨岁月。同仁斋茶道所创造的宁静气氛，也当曾给他很多安慰。他还在此从事如香道、花道等活动，借此暂忘掉他那已经破碎的江山。这可算是对他支持这些艺术活动的补偿吧。

从荣华世界归隐独炉庵

珠光在足利义政身边工作期间，似乎就已经在将军府外建起自己的茶室，据说义政还赐有匾额及多种贵重茶具。很可能是珠光不满于局限在义政趣味里发展茶道，而建设独立从事茶道艺术的场所。珠光在义政逝后又活了十二年，寿至七十九岁，这为他从事自己独立的茶道艺术争取到时间。其实，尽管义政是珠光茶道的最大支持者，但珠光究竟对义政抱着怎样的心理，这是很难说的事情。一休及大德寺派的传统都是尊皇室而远足利幕府，深受其影响的珠光反而服务于义政，珠光心中恐亦有所不情愿。在珠光晚年，他终于辞别了义政银阁别墅的荣华世界，回到奈良称名寺，建起一座小茶室，名曰独炉庵。珠光隐居在此至其去世。摆脱了义政影响的独炉庵茶室，可说是集中表现了珠光茶道的艺术风格。滕军女士在《日本茶道文化概论》书中介绍说：

　　据被称为日本茶道圣典的《南方录》记载，标准规格的四张半榻榻米茶室是由珠光确定的。其后，成了后人仿效的楷模。（飞按：同仁斋是否出于珠光之手尚无依据。）珠光茶室的屋顶为小木板拼成的宝形屋顶，顶棚为杉树板，墙壁由泥土和稻秸抹成，窗户由细竹棍搭成，墙围子糊有一种白色的宣纸，壁龛有一张榻榻米那么大。在茶室的靠中间位置，设有一个小地炉，大小约四十六厘米见方。壁龛里挂有圜悟的禅语，茶室的一角放有台子，上面摆着点茶用具。比起同仁斋的书院式建筑来，珠光的茶室呈现了古朴、简素的性格。茶室的外表采用原木、竹、稻草等材料，不加任何涂饰，茶室的内部开有地炉。地炉本是日本民家冬天用来取暖的设施，比茶室的地炉要大得多。珠光将地炉导入茶室的举动，大大推进了饮茶文化与本民族固有文化融合的过程。全室榻榻米的设计和地炉的引用，成为跪坐式日本茶礼诞生的主要原因。（飞按：同仁斋无地炉。）奈良称名寺内有珠光晚年隐居乡里时建造的茶室——独炉庵。独炉庵在江户中期一度被烧毁，现存的独炉庵是江户中期重新复原的。

　　附属于茶室的庭园叫作"露地"。露地取名佛教用语，说菩萨冲过俗世的火宅来到清净的白露地。珠光在独炉庵的露地里栽种了柳、竹，还栽种了许多松树。风过松林，松声传进茶室，更增加了茶室内的恬静。之后，茶人们纷纷模仿珠光的做法，至今，松树已成为露地的主要植物。

在茶道形成以前，点茶与饮茶是分别在两处进行的。那时，不必去担心点茶的动作是否优美，点茶用具的摆设是否合理。当点茶与饮茶合在一个空间里进行后，除了要注意点茶动作是否典雅娴熟之外，还要有一个放点茶道具的地方，茶人们一旦跪坐下来就不易挪动身体，要把道具全部安排在人手可及的地方。由于以上的原因，台子何时开始使用，成为探讨日本点茶礼仪开端的关键。（中略）（飞按：日本《本朝高僧传》云：茶道用台子系由入宋留学的禅僧南浦绍明从中国带来的。）

当时流行的台子是均匀地涂满黑漆、由四根木棍连接起两个长方形木板的"真台子"。珠光对此进行了改革，他将上下两块板的材料改成梧桐的白木，用四根自然细竹代替了四根匀称的木棍。据说那四根小竹棍是由雨伞柄代替的。

类似这样的改革还表现在茶勺上。当时的茶勺主要以象牙为材料。后来由于象牙昂贵，出现了水牛角的代用品。珠光发明了竹茶勺。在当时，人们还追求唐朝进口的黄铜花瓶（飞按：日本有"唐物"的说法，即中国货的意思。不是专指唐朝而言），针对这一点，珠光大胆地启用了竹编花瓶。关于花瓶里的花，他也主张简单素淡，以少为好。

从这些描述可以发现珠光独炉庵茶道与同仁斋茶道间的不同。其较为重要的有两处：第一，独炉庵设置地炉。同仁斋因非茶道专用，当是采用移动方便的风炉。风炉在日本有铜、铁、泥制等数种，这与中国的情况是一样的。唐代陆羽的《茶经》说以铜铁铸风炉、后世则多用泥制，讲究者用细白泥。风炉好处是使用方便，移动随意。缺点是火力未免有些暴躁，容易造成室温不均；且在这种小房间里，炉火距人过近。地炉虽是不便移动，但对于四张半的小屋来说，地炉似乎更令人觉得安逸舒适。独炉庵设地炉，突出了其作为茶室的专用性。

第二，根据《君台观左右帐记》等文献记载，同仁斋的茶具都是典雅而精美，具有贵族趣味的；珠光独炉庵却是泥墙疏窗、竹棍白木、竹勺竹瓶。这是否是珠光有意要洗去同仁斋的贵族趣味呢？但是，他的《心之文》里似没有排斥精美茶具的意思，他自己也不缺少这类东西。如果把他的独炉庵想成是个破烂茅庐，那就可笑了。珠光的本意应当还是他所强调的，"重要的不是器具而是人"。

珠光在选择茶具方面，颇多独到之处。在当时崇华损日的风气里，他并不一味崇尚中国瓷器，而是也肯使用日本陶器。即便使用中国瓷器，他所欣赏的又是在将军府里不受重视的杂器，如"灰被天目"，即"珠光天目"，他却以为是具有枯淡的味道而深爱之。所谓青瓷，是相对彩瓷而言的。青瓷是在釉（矽酸盐）里加入含氧化铁成分的添加物后烧制成的，包括绿、青、蓝几种颜色，以颜色青翠或粉青、釉彩光

天目茶碗

亮润泽者为贵。在南宋时代，龙泉窑的青瓷最为出色。彩瓷的釉的配方较为复杂，而其兴起后，青瓷就衰落了。白瓷、黑瓷也都属于彩瓷，黑瓷以福建的建窑较为著名。彩瓷里还有一种窑变，是烧窑时因火候不均匀而使瓷器颜色、形体都发生变化。这种变化很难由人控制，其色又多变幻特异，所以也颇为人所看重。青瓷与彩瓷，总体来说，青瓷古拙朴素，彩瓷精巧华贵。在珠光时代，中国已是彩瓷蓬勃发展时期，青瓷退居次要。日本则对于龙泉窑、建窑瓷器尤其推崇。珠光却不受时风影响，偏爱青瓷里并不受重视的安窑青瓷，显示出他的与众不同。而由这种分析来看，珠光对于"珠光天目"的赏识，与滕军所云"珠光的茶室呈现了古朴、简素的性格"的话，倒是可以吻合的。

侘茶可作逃茶解

能乐的世阿弥为日本哲学美学理念"幽玄"的确立做出重要贡献；茶道也有类似的成绩，其中首推村田珠光提出的"侘茶"理念。

何谓"侘茶"？滕军《日本茶道文化概论》里说，"侘"是对富有、富贵、华美、巧言令色、显眼、艳丽、优美、豪华、丰满、复杂、烦琐、纤细、匀称、明澄、锐利、典雅、崇高的否定。可以解作贫乏、困乏、朴直、谨慎、节制、无光、无泽、不纯、冷瘦、枯萎、老朽、粗糙、古色、寂寞、破旧、歪曲、混浊、稚拙、简素、幽暗、谧静、野趣、自然、无圣。

从上面的解释可以感觉到这个"侘"字的内涵是非常丰富的。不过，如此说来，似乎"侘"就是有意要找别扭似的，有些令人难解。

还有从简的解释。美国的霍尔教授将"侘"解作"孤独的神秘"。天津南开大学吴廷璆教授主编的《日本史》则说，"侘茶"是"一种不拘形式，只讲究闲寂简素的茶道"。霍尔喜欢说神秘；中国翻译家遇到这个"侘"字，则多译作"闲寂简素"。

我再说一点我之理解。其实对"侘"的理解也不当忽视"侘"字本义。《说文解字》将"侘"解作"寄也"，就是寄托。那么，"侘茶"，也就是寄托于茶的意思。

寄托于茶，这又作何解？我想先引入一个中国比较特殊的概念——"逃禅"，来帮助说明。"逃禅"，应说是"逃之于禅"或说"逃入禅"，就是身在尘世而寄心于禅的意思。这是中国文人躲避现实的惯用办法。《宋元学案·苏蜀学案》记苏东坡语说：

> 自为举子，至出入侍从，忠规说论，挺挺大节。但为小人排挤，不得安于朝廷，郁悰无聊之甚，转而逃入禅。

吾师张中行丈则于《禅外说禅》里道：

> 过世间生活，不管由于什么，失了意，于是向往

禅门的看破红尘，身未出家而心有出家之念，并于禅理中求心情平静，是逃禅。

苏东坡说到"郁憷"，中行丈说到"失了意"，这都与"侘"的意思暗合。"侘"字本义为寄托，在中国后来即引申为失意貌，曰侘憷，或作侘傺。这种暗合却是颇为耐人寻味的。

中国人的所谓逃禅，表现形式多是诗与画，乃至在中国诗歌与中国绘画里都出现了一个分支，即禅意诗与禅意画，借诗画表达禅心。如诗的方面，中行丈分作三种：

一是写清幽淡远的景物，以表现远离烟火的世外味，如常建《破山寺后禅院》：

　　清晨入古寺，初日照高林。曲径通幽处，禅房花木深。山光悦鸟性，潭影空人心。万籁此俱寂，惟闻钟磬声。

二是表现以慧心观照而得的空寂之感，如柳宗元《江雪》：

　　千山鸟飞绝，万径人踪灭。

孤舟蓑笠翁，独钓寒江雪。

三是轻轻点染，以求于迷离恍惚中有言外意和味外味，也就是以禅理说诗的所谓韵味或神韵，如杜牧《寄扬州韩绰判官》：

青山隐隐水迢迢，秋尽江南草木凋。
二十四桥明月夜，玉人何处教吹箫。

村田珠光亦能诗能画，现藏于日本野村美术馆有幅珠光画作，其画以表现平远疏旷、远离人间烟火气的山水为主题。画上题诗：

天下江山此景稀，战图到处总危机。
雨晴浓淡千曲子，却胜鸱夷一舸归。

这当系他身处乱世而求超乎象外的心境之写照，其意类近柳宗元之《江雪》，亦有以慧心观照而得空寂之感的意味。

我们是否可以如此理解，不管"侘茶"与"逃禅"在名目上是否存在什么关系，但二者的心境是非常接近的。珠光

的"侘茶"，似即以茶为禅之寄托，茶道约略与诗与画所起
的作用一样，是一种寄托形式；"侘茶"就是禅意茶道。在
珠光的思想中，茶禅一味，茶即禅，禅即茶，这"逃禅"之
说即亦可曰"逃茶"。滕军《日本茶道文化概论》记：

> 金春禅凤是与珠光同时代的大能乐师。在他的《禅
> 凤杂谈》里对珠光的艺术风格作了这样的追忆："珠光
> 说没有一点云彩遮住的月亮没有趣味。这话真有道理。"
> 可以想象一下，也许是在金春禅凤年轻的时候，他在珠
> 光面前赞赏中秋的明月，这时，在一旁的珠光说出了上
> 面的那句话，这件事深深刻在了禅凤的心里。

飞按：禅凤（1454—1532？）是能乐艺术家和剧作家。
禅凤的祖父金春禅竹（1405—1470？）也曾向一休宗纯禅师
参禅，并在一休影响下，以禅入能，以所谓禅性哲学解释能
乐。因此，禅凤与珠光的心也应很容易相通。禅凤所引珠光
语，又颇类近杜牧《寄扬州韩绰判官》的情况，显然是在以
禅理谈艺术，也就引起禅凤的强烈共鸣。

我如此解说珠光"侘茶"，不是要说中国"逃禅"怎样
影响了珠光，而是以为禅宗思想影响到文学艺术时，在中日

两国曾出现过相近的效果。但是需要注意的是，无论禅意诗还是禅意画，都没有获得像"禅意茶道"在日本文化里那样崇高的地位。禅意诗、禅意画并非中国诗画的主流。譬如诗的方面，中国还是奉杜甫李白为正宗；在杜李之间，又以杜为"诗圣"，李为"诗仙"，此意即杜是正统，李是特殊。所以历代诗人对于杜李的评定，实际都反映了诗人对于"诗"的认同。并且，中国的禅意诗人们，最后也往往再回归于儒，个别的是归于道，而非久在禅意中。另有一批禅僧亦是诗僧，可是他们的作品至今也未受到足够重视。这也说明中日两国文化同中有异，异中有同，既不能仅强调同，亦不能仅强调异，这却是研究两国文化者所不可不察的。

珠光的"侘茶"或许即因其"逃茶"之实质，在乱世中别具吸引力。至少对于足利义政应是非常适用的吧。珠光自己也借其"侘茶"而得在独炉庵内平静地度过其晚年。临终前，他留下遗言说，以后纪念他时，就挂起圜悟禅师墨迹，再为他点上一碗茶来。这当是不忘禅宗好处之意吧。

第五章

承前启后的武野绍鸥

出身大皮货商人

......

就在茶道的开山祖村田珠光于独炉庵内归道山的那一年，他所致力开创的茶道艺术与茶道事业，出现了一位后继者，此人就是武野绍鸥（1502—1555）。绍鸥赶在珠光去世之年出生在大阪附近的堺市，他作为珠光的再传弟子，被日本茶道界尊称为"先导者"；在绍鸥门下，又出现了日本家喻户晓的茶道大宗师千利休。

关于武野绍鸥，其实我们所知甚少，日本的茶道研究家对其关注亦颇不足。然而，武野绍鸥毕竟在茶道创建期发挥了巨大作用，是不可忽视的重要一环。

武野绍鸥的家庭和他本人，都是大阪一带的大皮货商人。前文曾引霍尔教授语说，政治秩序的混乱伴随着经济文化的异常发达，是足利幕府时期的重要特色。在幕府后期，城市的作用越来越突出，手工业和商业更加繁荣，商人阶层迅速发展起来。远在平安时代末期，武士是当时的新兴阶层，

武野绍鸥雕塑

他们背后有强大的军事力量的支持，继而又通过军事力量掌握了政权，建立了幕府政治制度。而此际的商人阶层却没有这样的能力。在既无法律保护，又无法形成市场经济机制的情况下，他们就只好在本阶层的独立性方面做出让步。商人们通过献金等方式依附于宗教势力的寺庙和地方政治势力，甚至结交在政治上早已被冷落的天皇朝廷旧贵族，以如此方式寻求对自己利益的保护和提高商人阶层的社会地位。结果，当商人们的资产源源不断地流向寺庙和地方诸侯的口袋之时，作为中央政府的幕府政权反而难以分到一杯羹了。足利义政的夫人日野富子素以敛财闻名，其实她既有当幕府家之苦，也可能还怀有不平心理，要与寺庙及地方势力抢夺经济利益。风雅如足利义政，不是也除向明朝皇帝要求物质援助外，自己又多次亲自出面向大寺庙借款，或是直接大打秋风。

相对幕府而言，似乎寺庙、地方诸侯和商人是站在一方的；但在寺庙、地方诸侯和商人这一方，亦存在因利益分配不均而引起的相互间的深刻矛盾。尤其是地方诸侯杀鸡取卵式地对商人进行盘剥，用以满足他们生活上的无节制的挥霍，招致商人、市民等各方面的反抗。由此，又出现了以大寺庙为中心，团结起商人和市民、农民，以及部分中下层武士，与地方诸侯展开激烈斗争的局面。有的地方甚至就由寺庙出面接管了地方政权。在这种斗争中，佛教诸宗派里，净土真宗是最为活跃的。

前面在谈到足利义政之"东山文化"的时候，曾谈到义政与净土真宗门徒关系密切。净土真宗在创立者亲鸾逝后，其女觉信尼葬其于京都东山大谷并建庙堂为纪念，同时觉信尼将真宗法脉及亲鸾庙堂传其长子觉惠（1239—1307），觉惠再传其长子觉如（1270—1351）。觉如时代，其在日本元亨元年（1321）以亲鸾庙堂为基础创建本愿寺，供奉阿弥陀佛与亲鸾影像。

　　净土真宗因系采用"在家信仰"的方式，所以其门徒分别在全国各地组建起"真宗"教团来开展宗教活动。足利幕府到了足利义政时期，因为"应仁之乱"而使幕府统治受到了沉重打击，力量尤为薄弱。这时正是真宗传至本愿寺第八代宗主莲如（1415—1499）的时代，大量的商人、市民、农民因身处乱世产生出的强烈的恐慌，转化为宗教狂热情绪；又因净土真宗的教理及形式的便捷，大家纷纷加入真宗，使得真宗教团进入一个蓬勃发展的阶段，在真宗历史上被称为"莲如中兴"。

　　真宗教团人数迅猛上升，既有其宗教信仰，又具备严密的组织结构，遂在地方逐渐形成较为强大的势力。有的教团甚至建立了自己的武装，其力量大到可以与地方诸侯即"守护"相抗衡的程度。在寺庙、地方诸侯及商人的矛盾激化的时候，净土真宗教团在各地挑头发动起义，日本史称为"一向一揆"。其中最著名的是，净土真宗在加贺国即今石川县金泽一带的教团，通过武装起义迫使守护富樫政亲自杀。真宗教团取代"守护"的职责，控制这一地区长达百年之久。

　　话题重新回到武野绍鸥。作为皮货商人的武野绍鸥，早年是净土真宗本愿寺教团的门徒。绍鸥的这一经历，究竟是出于信仰，还是欲借真宗教团势力保护自己及家族的商业利益，这却已是不可考的事情，或许只是出于一个商人家庭的习惯亦未可知。但是，绍鸥的真宗背景，对于其茶道事业的发展尤为重要，至少有三方面意义。第一是，他有机会利用真宗教团的渠道来传播茶道；第二是，村田珠光固然是倾向于禅宗的，但他在足利义政的"同朋众"群体中，应也会受到真宗气氛的影响。绍鸥则是先有了真宗文化的基础，其接受"东山文化"的程度，或许还要高于珠光。第三是，笔者认为，绍鸥传播茶道之际，很有可能借鉴过真宗教团的组织形式——从这个角度来观察，茶道与净土真宗的组织结构，确是多有相似之处，这应该不是出于偶然。

这就说到村田珠光所确立的茶道传统，毕竟是以表现禅宗的境界为主的；武野绍鸥倘若要作为珠光的后继者，无论如何都还必须要增加禅宗的修养。绍鸥是直到晚年才明确习禅，我们无法辨别他是出于继承了珠光茶道的目的，还是在精神上对禅宗感到有所认同。事实是，他在近五十岁时才拜师大德寺第九十代住持大林宗套禅师（1480—1568），并从宗套处得到"一闲"的法名；可是几年之后绍鸥就去世了，他生前是否曾得禅悟，亦缺乏可以证明之资料。

关于武野绍鸥所师事的这位大林宗套禅师，从禅宗法系上说，他是一休宗纯的法兄养叟宗颐的传人。我们前文曾说起，一休对于他这位法兄及法兄门下是不大客气的，多次批评和嘲讽他们，认为他们不知禅法。禅法的知与不知，问题过于复杂，暂且不作讨论，但这至少可以说明一点，一休法系与养叟宗颐法系对禅的理解是相去甚远的。所以绍鸥即便习禅，可若是沿着宗颐、宗套禅法，而去接近从一休处获得禅悟的珠光，这条路恐怕是未必行得通的。至于茶道方面，绍鸥之师藤田宗理与十四屋宗伯两位虽都是珠光弟子，但均非衣钵传人。绍鸥从他们两位处得来的珠光茶道，亦当是很有限的。因此，由以上这些分析看，绍鸥与珠光虽仅隔一代，绍鸥若想继承珠光则大不容易，大抵是非要走出一条自己的道路不可。

无论什么人都有歌心

相对于大林宗套之禅与宗理宗伯之茶，倒是日本和歌与连歌对于绍鸥的影响要更大一些。绍鸥自己即是一位颇有成就的连歌师，他对连歌的学习应该是早于茶道。在讨论连歌对绍鸥的影响之前，还有必要先对日本的诗歌作些介绍。

日本堪称是个诗歌之国。其诗歌可粗分作两大类：一是用汉文写作的和风汉诗，一是用日语写作的和歌类短歌。和风汉诗，固然出于对中国诗歌的模仿，但也自有其风韵，不可完全用中国诗歌的要求来衡量。如俞樾编《东瀛诗选》时就曾指出："东国之诗于音律多有未谐。执一三五不论之说，遂有七言律诗而句末三字皆用平声者；执通韵之说，遂有混歌于支、借文为先者。施之律诗，殊欠谐美。"俞樾到底还是宽厚的。最近读老友李长声君文《滑稽的汉俳》："汉俳非俳，并非因中文一字一意，难以像俳句那样含蓄，而是根本未移植俳句的精髓——幽默。或许创作者们太想要开出中日友好之花，又极力向中国传统靠拢，结果一方面显出媚态，另一方面就自绝了前途。"这话又较俞樾严厉得多了。其实，倘中国作者果然能融中国传统于汉俳，如和风之入汉诗，亦未尝不可。但那些友好汉俳，委实是倒尽两国人胃口。

和歌类的短歌，起源于歌谣，发展成为用日语创作的诗歌，主要包括和歌、连歌、俳句、川柳等。最早的和歌总集是《万叶集》，收古代诗歌四千五百余首，纪年最晚者相当于中国唐肃宗乾元二年（759）。那时日本尚无自己的文字，所以是借用汉字来注声。这部对于后世日本人来说也是像天书一样难以读懂的古诗集，在中国却遇到一位知音——了不起的翻译家钱稻孙先生。通过钱先生的优美的汉译本，我们也可以欣赏到日本古诗。钱在《万叶集介绍》文里解释道：

　　　　集中歌词之体，主要以五言句和七言句交替成章，最后重叠一句七言煞尾。这似乎是日本韵调的一个基本律。后世许多歌谣曲唱都大致不离此宗。长歌句数没有定限，短歌限定是五句：五、七、五、七、七，恰好趁长歌的截头接尾。后世很少作长歌，所谓和歌，就只是短歌，所以和歌别名就叫三十一文字。此外有六句头的，一体叫"旋头歌"，五、七、七为一解，两解成一章。集中所收不过二三十首，后世更少仿作，所以叫旋头，就因为前后二解同调。妄加推测，许是踏步而歌的，唱到一半，掉过头来。歌词往往两半合掌，前后自成应对口气，可能原因于此。再有全集只见一首"佛足石体"，则是短歌又缀上一句七言，所以也是六句成章。

《万叶集》之后，日本出现了假名文字，和歌类的短歌也越发兴盛起来。特别是公元 905 年纪贯之等奉敕编成《古今和歌集》，确立了和歌的艺术地位和艺术风格。李长声君在《日本文学小史》里说：

> 汉文学（在日）盛行，不免让人有"和歌的黑暗时代"之感，但实际上，尽管中国文化灿烂得耀眼，日本固有的语言文化仍在以强大的生命力搏动着。

和歌类的短歌就是所谓日本固有的语言文化生命力的一种表现。这也是在观察日本文化时所不能忽视的。

从和歌又发展出来一种叫连歌的，在足利幕府时期较为流行，之后就衰落了。何谓连歌？周作人在《日本的小诗》文中说：

> 日本古来曾有长歌，但是不很流行，平常通行的只是和歌。全歌凡三十一字，分为五七五七七共五段，这字数的限制是日本古歌上唯一的约束，此外更没有什么平仄或韵脚的规则。一首和歌由两人联句而成，称为"连歌"，或由数人联句，以百句五十句或三十六句为一篇。这第二种的连歌，古时常用作和歌的练习，有专门的连歌师教授这些技术。十六世纪初兴起一种新体，掺杂俗语，含有诙谐趣味，称作"俳谐连歌"，表面上仍系连歌的初步，不算作独立的一种诗歌，但是实际上已同和歌迥异，即为俳句的起源。连歌的第一句七五七三段，照例须咏入"季题"及用"切字"，即使不同下句相连也能具有独立的诗意，古来称作"发句"，本来虽是全歌的一部分，但是可以独立成诗，便和连歌分离成为俳句了。

由这些介绍看，所谓五七五七七的形式，是日本和歌类短歌的基础，连歌、俳句等都是从此变化而来的。周作人在

《日本的诗歌》文中评论：

> 短诗形的兴盛，在日本文学上，是极有意义的事。日本语很是质朴和谐，做成诗歌，每每优美有余，刚健不足；篇幅长了，便不免有单调的地方，所以自然以短为贵。旋头歌只用得三十八音，但两排对立（飞按：钱稻孙所云的两解成一章），终不及短歌的遒劲，也就不能流行。后起的十七字诗——俳句川柳——比短歌更短，他的流行也就更广了。
>
> 诗形既短，内容不能不简略，但思想也就不得不求含蓄。三十一音的短诗，不能同中国一样的一音一义，成三十一个有意义的字；这三十一音大抵只能当得十个汉字，如俳句的十七音，不过六七个汉字罢了。用十个以内的字，要抒情叙景，倘是直说，开口便完，所以不能不讲文学上的经济：正如世间评论希腊的著作，"将最好的字放在最好的地位"，只将要点捉住，利用联想，暗示这种情景。

周作人的评论清楚地说出了和歌类短歌的主要特点。可以略作补充的尚有两点。首先，中国诗歌可能过分为字义吸引而冷落了字音。写作诗歌时固然有字从义出、字从音出的说法，但音的部分渐渐枯萎掉。近如宋词元曲，原本都是要唱出来的，今则多已唱不出了。格律本是调音的，却发展成一种对音的简单处理，反而伤害了音的创造。日本的短歌，是以音为最重要的，江户时期和歌的重要流派桂园派就以"和歌不在于说理，而在于调律"为唯一教义。川端康成曾在《临终的眼》里引用法国诗人瓦莱里的话："诗，可以直接活跃我们的感官机能，在发挥听觉、拟声以及有节奏的表现过程中，准确而层次分明地把诗意连接起来。就是说，把歌作为它的极限。"用这段话来形容日本的短歌却是再合适不过的了。

其次，周作人作为作家，难免从文学角度以己度人地考虑将最好的字放在最好的地位问题。事实上大多数日本人仅是要求听起来悦耳就足够了，未必顾及文学上的经济。因此，日本人创作和歌或俳句，是在一种相对中国诗人而言要轻松许多的气氛中进行的。和这种情况很近似的是取名字。中国人重视取名字，往往慎重地考虑名字的含义，选择吉祥典雅的汉字，还常带有些特殊纪念意义，乃至出现"姓名学"。日本人亦非不重视取名字，但取名先取音，音要顺耳好听，然后据音去找个发此音的汉字，至于此字之义，虽然也有一定影响，但终归不是起决定作用的。

综合上面的叙述，日本人对于和歌，情趣多于说理，亲切多于敬畏。所以周作人素喜引用的芳贺矢一著《国民性十论》里就说道：

在全世界上，同日本这样，国民全体都有诗人气的国，恐怕没有了。无论什么人都有歌心，现在日本作歌的人，不知道还有多少。每年宫内省进呈的应募的歌总有几万首。不作歌的，也作俳句。无论怎样偏僻乡村里，也有俳句的宗匠。菜店鱼店不必说了，便是开当铺的，放债的人也来出手。到处神社里的匾额上，都列着小诗人的名字。因为诗短易作，所以就是作的不好，大家也不妨试作几首，在看花游山的时候，可以助兴。

另一位热爱日本的西洋人小泉八云（LAFCADIO HEARN）则用诗样的语言描述：

诗歌在日本同空气一样的普遍。无论什么人都感着，都能读能作。不但如此，到处还耳朵里都听见，眼睛里都看见。耳里听见，便是凡有工作的地方，就有歌声。田野的耕作，街市的劳动，都合着歌的节奏一同做。倘说歌是蝉的一生的表现，我们也仿佛可以说歌是这国民的一生的表现。眼里看见，便是装饰的一种；用支那或日本文字写的刻的东西，到处都能看见：各种家具上几乎无一不是诗歌。日本或有无花木的小村，却绝没有一个小村，眼里看不见诗歌；有穷苦的人家，就是请求或是情愿出钱也得不到一杯好茶的地方，但我相信绝难寻到一家里面没有一个人能作歌的人家。

芳贺矢一与小泉八云所说是一个世纪前的情况，现在日本也难称诗人之国了。但正如李长声君所说：

　　和歌自确立以来，作为一种主要的式型，延续千年，既反映了日本文学的保守性，也维系着大和传统。新年伊始，皇宫里举行歌会，吟啸呻哦，好一派古雅氛围。传闻现今有三万诗人、三十万歌人、三百万俳人，足见大和传统之绵长深远。(《日本文学小史》)

再看芳贺与小泉之数百年前的情况。足利幕府前期的将军们热衷于中国趣味，但这一时期的和歌与连歌也非常兴盛。前面提到的银阁将军足利义政身边的"同朋众"能阿弥等"三阿弥",就都具有连歌师的身份。那时还经常举办歌会,其繁荣程度较之茶会,或有过之而无不及。村田珠光是否作连歌尚未弄清,但他来往的朋友里也不乏连歌师。

融歌道入茶道

能阿弥等人作为连歌师也是相当活跃的，所以，在禅宗气氛与中国趣味环绕着的足利将军幕府，和歌连歌等日本固有文化形式仍然有其位置。不过，比较起幕府将军来，似乎天皇朝廷的旧贵族们更热衷此道。早在平安时代末镰仓时代初，出身于显赫的外戚藤原家族的藤原俊成，奉后白河法皇敕编选了《千载和歌集》，奠定了和歌在中世发展的基础。他的儿子定家更是和歌的一代宗师，奉敕编选《新古今和歌集》，还有在日本流传甚广的《小仓百人一首》，影响超过其父。在俊成定家父子推动下，日本出现了"歌道"，以表现日本人的独特情怀为主。那个时期还有西行法师（1118—1190）、明惠上人等一批和歌名家，形成和歌史上的一次高潮。细读川端康成的《美丽的日本和我》就会感觉到，其通篇都沉浸在对这个阶段的和歌的迷恋中。川端说：

（平安）王朝衰落，政权也由公卿转到武士手里，从而进入镰仓时代，武家政治一直延续到明治元年（1868），约达七百年之久。但是，天皇制或王朝文化也都没有灭亡，镰仓初期的敕撰和歌集《新古今和歌集》（1205）在歌法技巧上，比起平安朝的《古今和歌集》又前进了，虽有玩弄辞藻的缺陷，但尚注重妖艳、幽玄和风韵，增加了幻觉，同近代的象征诗有相同之处。（中略）《古今和歌集》中的小野小町的这些和歌，虽是梦之歌，但却直率且具有它的现实性。此后经过《新古今和歌集》阶段，就变得更微妙的写实了。

竹子枝头群雀语

满园秋色映斜阳

萧瑟秋风荻叶凋

夕阳投影壁间消

镰仓晚期的永福门院（1271—1342，伏见天皇皇后）的这些和歌，是日本纤细的哀愁的象征，我觉得同我非常相近。（叶渭渠译）

川端从这些和歌里找到日本美的感觉，这种感觉也引起他发自内心深处的强烈共鸣。从川端的例子看，那段时期的和歌对后世的影响也是巨大的。作为外国人，往往因语言的限制而难以体会和歌之妙，即便是霍尔这样的学者，也没有注意到和歌在日本文化史上所起到的坚守日本固有文化，连接日本人的心灵，维系"和魂"的独特作用。

且说藤原定家之后 260 余年间，连歌因其活泼而势头甚至超过和歌，这其实可以看作和歌的普及化。无论是平安歌人还是镰仓歌人，都未能做到使和歌平民化。而当城市兴起，经济发展的 14 世纪和 15 世纪到来，市民文化也随之活跃起来，连歌迎合了这种趋势，终于使和歌走向民间，于是才有后来的"无论什么人都有歌心"的诗歌之国。茶道的村田珠光、武野绍鸥是与这个和歌的普及活动同时代者，难免不受到其感染。村田珠光就和连歌师有很好的交往。村田珠光是否作连歌尚未弄清，但他来往的朋友里也不乏连歌师。除能阿弥外，与珠光一起同一休参禅的就有很著名的连歌师宗长（1448—1532）。珠光的重要弟子古市澄胤（1452—1508）也以和歌连歌闻名当时，珠光的《心之文》就是写给他的信。不过，对珠光影响最大的连歌师当属心敬（1406—1475）。心敬也是位禅僧，是京都十住心院住持。他在连歌方面是清岩正彻的传人，其连歌致力于美与宗教的调和，特别注重表现枯淡的意境。村田珠光在《心之文》里极力主张的枯淡境界，就是来自心敬的指引。

武野绍鸥年轻时一直是作为连歌师活动的。他的老师是天皇朝廷官至从二位内大臣的贵族三条西实隆（1455—1537）。三条西实隆别号听雪，后来出家，法号逍遥院尧空。他多才多艺，精通连歌、和歌、书法及日汉两国礼仪习俗。连歌方面，他是著名连歌师饭尾宗祇（1421—1502）的弟子。宗祇又向心敬学习连歌。从连歌的师承关系上看，村田珠光与武野绍鸥都当受到心敬的影响，他们这一对茶道的祖孙，反因连歌的关系而找到更多共鸣。亦是巧得很，绍鸥在连歌界的师祖宗祇也是 1502 年去世的。日本也有转生的说法，难道绍鸥注定是珠光与宗祇的双重转生吗？

既然找到心敬，就再看看心敬的师承。他又是清岩正彻的传人。清岩正彻是我们在谈幽玄美学理念时提到的人物，为藤原定家的继承者。原来源头是在定家。滕军《日本茶道文化概论》里说道：

　　据说，武野绍鸥是在听三条西实隆讲授藤原定家的《咏歌大概之序》时，领悟出茶道奥义的。主要语句是这样的：

　　"情以新为先，求人未咏之心咏之。"

"常观念古歌之景气可染心。"

绍鸥认为，歌道与茶道在修行和艺术创造上是相同的。他决定以歌道理论为茶道的艺术理论基础，开创出一派新的茶道。他用《新古今和歌集》中藤原定家的一首和歌来表现自己茶道的艺术境界。

绍鸥用的这首和歌，是：

> 顾也茫然，
> 秋花红叶皆不见；
> 秋日晚，
> 海干茅屋残。[1]

---

[1] 滕军译作：

望不见春花，望不见红叶，海滨小茅屋，笼罩在秋暮。

她的解说是：

人在尽情地欣赏了烂漫的春花、火红的秋叶之后，会去追寻，想象那没有春花、没有秋叶的自然界的原始美，即回复到"本来无一物"的"海滨小茅屋"的原点上去。然而，只有亲自欣赏了春花秋叶的壮丽景色的人，才能体会到"海滨小茅屋"中含有的"无一物中无尽藏"的超脱之美。否则，人是不会一下子发现小茅屋有什么美的。

又说：

在这里，被俗世认为是美的春花、红叶被否定了，达到了无花无叶的"无一物"的世界。

前面曾说到，五山禅僧在学习仿效中国文化方面过于投入，以致距日本民族文化反而渐远。这就导致他们的圈子越来越小，既难获得日本大多数人的共鸣，也无法扩大参与的范围，只能是在社会一小部分人里进行。而此时市民文化兴起，市民阶层对贵族化的五山文化也日益不满。连歌的流行在日本文化史上实际还具有民族文化意识觉醒的意义。珠光时期，毕竟足利义政将军的中国趣味尚是浓厚；到武野绍鸥时代，将军都已自顾不暇，地方诸侯势力坐大，诸侯们在文化上也要向将军挑战。武野出身商人，本就与市民阶层同属被五山文化排斥在外的行列，他皈依藤原定家的歌论，并要把茶道向着民族化方向发展。这种心情与行动，在那个时代应说是代表着相当一批人的意愿。

还有一种对绍鸥的影响也有必要说说。净土真宗的亲鸾圣人是作"和赞"的高手。约在镰仓时代，新兴的佛教宗派借用和歌的形式来解说佛经，歌颂祖师。这是佛教日本化的重要举措。亲鸾的和赞又极具文学性，代表作有《净土和赞》《净土高僧和赞》《正像末和赞》等，在民间流传甚广。净土真宗的这种传统也当是唤醒绍鸥心中的"和魂"的一种力量。

绍鸥式美学

关于武野绍鸥在茶道方面的创造，滕军在《日本茶道文化概论》里提出：

> 在珠光去世之后，当时的日本茶道界只是一味地模仿珠光，陶醉在珠光的茶风里。武野绍鸥以歌道论为源泉，在茶室、茶具、茶花上创造出了新的绍鸥式艺术风格。珠光式的美是借助宗教而还原的内省的美，有时还停留在一种观念上。而由武野绍鸥将珠光的理想化作了茶道文化的各个部分的具体形象，是珠光式美学理念的实现和升华。

滕军女士虽然承认绍鸥与珠光的不同，却极力要说明绍鸥是珠光的真正继承者；这是滕军女士的一种善意，想避免绍鸥背负背叛珠光的名声。不过，继承者未必就是再次重复者。所以，绍鸥可说是珠光茶道事业的继承者，而在茶道艺术方面，绍鸥则是自成一家。这恐怕也是滕军女士使用珠光式与绍鸥式这两词的原因所在。对于绍鸥式茶道艺术，滕军女士介绍得比较详细，所以引用滕文，兼带说一点我的意见。

其一，绍鸥对于茶室的改造。

据《南方录》记载：绍鸥对珠光的茶室进行了改革。取消了贴在四周墙壁下部的、作为墙围子的白纸，茶室的墙壁为泥土稻草抹成。变木条窗棱为细竹窗棱，取消了纸隔扇中间的腰板，将涂有油漆的壁龛前沿改为涂少量油漆的或是白木的。并与千利休一起商量规定了小地炉的尺寸，为边长约四十六厘米的正方形。绍鸥把珠光的茶室比作真的茶室，即正规茶室；把自己的茶室比作草的茶室，即乡风茶室。

其二，绍鸥对茶具的改革。

（1）绍鸥还将书写和歌用的"色纸"（滕注：长二十七厘米，宽二十四厘米的方形厚纸笺）裱装起来代替茶室的挂轴。在那以前，挂在茶室壁龛里的是唐代名人的画（飞按：此处当系翻译有误，应指中国画而非指唐代画作）、有名禅宗和尚的墨迹。因为和歌里吟咏男女恋情的比较多，被说成会玷污神圣高洁的茶道。但绍鸥首创将和歌带入茶室，肯定了和歌的艺术地位，是日本茶道走向民族化的重要一步。武野绍鸥首次挂出的色纸是由藤原定家书写的安倍仲麻吕的和歌，这是一首安倍仲麻吕留学中国时写下的思乡诗，译成中文是："翘首望东天，神驰奈良边。三笠山顶上，想又皎月圆。"在绍鸥的影响下，自那以后，茶室的挂轴多样化起来，除色纸之外，还有短册、怀纸等。[①]

（2）为了适合乡风茶室，绍鸥对茶道具进行了改革，他创造了茶橱柜，又称绍鸥茶具架，日语叫"袋棚"，代替了真台子。茶柜橱比起真台子增加了曲线，加强了实用性。绍鸥茶具架。（飞按：滕军曾介绍所谓

[①] 关于安倍的和歌，黄新铭选注《日本历代名家七绝百首注》（书目文献出版社 1984 年版）中的译文作：

举目望长天，游子思故园。春日神社月，光照三笠山。

李嘉《李太白的日本朋友》（收入《蓬莱谈古说今》书中，吉林文史出版社 1986 年版）文中则译作：

举头望青天，欲问天上明月，亦升自我春日三笠山前！

绍鸥茶具架说，原材料为柏木，外涂朱红漆，下部设有
小橱，里面可放清水罐，上层放有宣纸、砚台盒等文房
用具。这种茶具架的形式与正统的台子十分接近。摆放
文房用具也是书院式茶具的遗风。）在茶道里，烧开水
用的铁罐子叫作茶釜，绍鸥式的茶釜有上张釜、小霰
釜、筋釜、笠釜等。茶道里装清水用的罐子叫"水指"，
绍鸥喜爱的水指有芋头形水指、信乐水指、钓瓶水指
等。茶道里把装茶粉的小瓶叫"茶入"，绍鸥特选的茶
入名为"绍鸥茄子"。

比起以往的茶具来，绍鸥式茶具出现了这样几个
特点。外形上变得向内里，强调了谦和的艺术风格；色
彩上趋向素雅，向秋色靠近；质地上偏向重视手感，因
为几乎所有茶道具都会被人拿在手里欣赏。

其三，绍鸥创立茶道阴阳位置。

绍鸥还与利休一起，借助中国古代的阴阳说，创
立了茶道阴阳位置图。比如在台子的平面上要放茶碗和
茶盒（滕注：茶入）。那么这些东西究竟放在什么地方
为最佳位置，它的理论根据是什么？绍鸥利用阴阳说解

决了这个问题。他先把台子表面均匀地画上五条线，为阳线，再在各两阳线中间画上六条阴线，再横着画一条中线。他把所有的茶道具都按阴物阳物分类。比如盛茶的茶盒为阳物，盛水的水指为阴物等。阴物放在阴线上，阳物放在阳线上。这种茶道阴阳位置图，不仅仅局限于台子，在壁龛上的花瓶的位置，挂轴的装裱方法，茶室的建筑方法上都有所应用。绍鸥的这一大贡献大大提高了茶道的正规化程度，增加了茶道艺术的深度。

　　在滕军所叙述的内容中，茶室悬挂和歌色纸与茶道阴阳位置图是理解绍鸥茶道艺术的关键。

　　茶室的"床之间"即壁龛，有茶道之神龛的性质。壁龛中又以所悬挂之书法为最重要，茶道之《论语》——《南方录》里就说，"挂轴为茶道具中最最要紧之事。主客均要靠它领悟茶道三昧之境。其中墨迹为上。仰其文句之意，念笔者、道士、祖师之德。"（转引自滕军《日本茶道文化概论》）所以，从村田珠光悬挂中国禅僧墨迹到绍鸥悬挂和歌色纸，是茶道艺术精神的重要转折。珠光以禅宗为本，我们在谈村田珠光时，曾说到珠光的审美是由禅宗的所谓"自性"发展出来的主观审美，是以茶道来体现茶人的修养、感情，茶人

安倍仲麻吕画像

的修养决定其艺术境界，茶道是茶人的精神载体。武野绍鸥
于禅僧墨迹外增加了和歌，表现出对日本固有文化的尊崇，
寓含着日本固有文化原不逊于外来的中国文化的意思。他
首次悬挂和歌色纸，特意选择了著名的安倍仲麻吕（701—

770）的思乡和歌。安倍仲麻吕就是为中国人所熟悉的诗人晁衡，他在二十岁时到唐朝留学，《新唐书》说他"慕中国之风，因留之不去"。后在唐为官，官至从三品卫尉卿，深得玄宗皇帝宠信；又广交中国诗人名士，与李白、王维、储光羲、赵晔、魏万等都是好朋友。不过，即便如此，仍未能使安倍忘却故国。唐天宝十二载（753），日本遣唐使藤原清河归国时，几次东渡失败的鉴真和尚与多次欲返回故乡的安倍仲麻吕都随同藤原赴日。结果，鉴真所乘之船到达日本；安倍仲麻吕所乘的船反为飘浪所阻而不得归，李白因此写下了《哭晁卿衡》的名篇。所幸安倍与藤原辗转又返回中国，最后两人均老死客乡。安倍与鉴真之东渡，均是令人感动的。安倍这首和歌在日本亦颇有名，而绍鸥选此和歌，也自有其深意。如果说村田珠光所要表现的是超乎象外的心境，绍鸥则于茶道中寄寓了一种"同情"之情——以安倍的思乡情唤起共鸣。我们知道，同情是创造艺术美感的因素之一，由这种同情之情而在茶事中加入感动的成分，绍鸥此举遂有增强茶道的艺术性之功。另外，热爱中国如安倍者仍要历险返乡，足以说明他国文化再具吸引，亦不能抵消生命的故园之思。绍鸥似于此中隐含有对一味追求中国趣味而鄙视本国文化者的批评。

　　至于茶道阴阳位置图，我们不必特别去在意其是否借助中国阴阳之说，比这更重要的是，这是茶道艺术在比例、秩序、数学规律性等方面的进一步完善；意味着茶道在向形式美的方向迈进。此前能阿弥曾经注意过这一点，和歌在形式上则尤为讲究。因为和歌重在调律，其中心就是形式美。和歌对乐感的追求与数字上的限制，要求音节的安排要恰当而且经济；还要富于变化，更不强调对偶。由于主要力量放在音律上，意的方面则既无力兼顾又无篇幅铺陈，便尽量是点到为止，含蓄而多用象征手法。绍鸥精于和歌连歌，所以，至少是歌论影响着绍鸥的审美。他在从事茶道活动时，或因歌论歌心而接近能阿弥的艺术纪律化，或者就是不约而同地与能阿弥走到同一条道路上。从绍鸥对茶具的改造似乎可以说明他在发展形式美方面的努力。譬如他用的茶具架比以前的真台子增加了曲线；重视茶具的手感实际是对柔滑感的关注；取消茶室四围墙壁的白纸，使得整个茶室增强一体感；色彩上趋向素雅；等等。这无疑都是在承认客观事物所存在的美的品质，即美感不仅是因珠光所侧重的"自性"而产生的，美也存在于客观事物中。滕军事实上也感觉到绍鸥这种变化，她讲的"由武野绍鸥将珠光的理想化作了茶道文化的各个部分的具体形象"，就已经发现绍鸥与珠光的趣味之不同。可惜她没有能注意到绍鸥做法背后自有其独创性。对照珠光的《心之文》，就能感觉到绍鸥是在珠光的茶道的主观审美之外，又探索出一条茶道的客观审美之路来。而绍鸥对于形式的重视，更多应是来自和歌的启发，如非对称性（飞按：很多人以为这种非对称性是来自禅宗影响，其实缺乏足够的证据），引入同情心等，但是我没有能力证明这一点。滕军书里曾提到绍鸥与茶道插花的故事，说：

> 按规定，茶室里的壁龛上要摆一瓶花的，即茶花。一次，茶会正赶上大雪天，外面的雪景美极了。为了让客人们美美地欣赏门外的雪景，绍鸥打破了常规，壁龛上没有摆茶花，而是用他心爱的青瓷石菖钵盛了一钵清水。他希望客人们赞美雪景清净的心在碰击到静静的水面时更加净化，更加美好。

对于绍鸥此举，我则以为他正是要强调花并非摆进壁龛才变得美丽，雪不摆进壁龛并不说明雪就不美，美本来存在于客观世界之中，与是否放进茶室壁龛是没有关系的。这个故事应是武野绍鸥客观美论的生动表现。然而，绍鸥晚年很可能意识到他走得似乎稍远了些，正如能阿弥后来也承认珠光的做法自有其高明之处，绍鸥也对珠光出现再一次的认同。我想，绍鸥最后转入禅门，似乎就是出于如此的心情。可惜他不久就去世了，没能完成将他的茶道艺术与珠光的茶道艺术相结合的工作。这项工作，落在绍鸥弟子千利休肩上。

第六章

茶道大宗师千利休

日本中世的“威尼斯”

在介绍千利休（1522—1592）这位日本家喻户晓的茶道大宗师之前，先要介绍他出生的时代与城市。足利幕府的权威自银阁将军义政之后急转而下，此后百余年间幕府将军即如当日的周天子一般，各地诸侯（日本称守护）竟成割据之势；而各地诸侯又互相攻伐，且他们的部下和家臣们又纷纷叛主，凭军事实力自立为王。与此同时，各地还不断出现农民、市民暴动，有些新兴起的城市实行起地方自治；佛教大寺也在扩张势力，直至统辖一方。这便正如村田珠光诗中说的，“战国到处总危机”。如果说镰仓时代涌现出一批活跃的佛教大师，其情形颇似中国的诸子百家；那么足利时代末期就很像中国的战国了，刚好日本亦是把这一时期称之为战国时代。在连年征战中，形成了一批实力雄厚的地方诸侯，号称战国大名。覃启勋著《日本精神》引日本浜岛书店1983年版《三订图说资料新日本史》所列《战国主要大名表》载：

关东地区：北条早云（1432—1519）

北条氏康（1515—1571）

佐竹义重（1547—1612）

北陆地区：朝仓孝景（1428—1481）

朝仓义景（1533—1573）

上杉谦信（1530—1578）

甲信地区：武田信玄（1521—1573）

武田胜赖（1546—1582）

东海地区：斋藤道三（1494—1556）

今川义元（1519—1560）

织田信长（1534—1582）

丰臣秀吉（1536—1598）

德川家康（1542—1616）

近江地区：浅井长政（1545—1573）

中国地区：毛利元就（1497—1571）

大内义隆（1507—1511）

黑田孝高（1546—1604）

四国地区：长宗我部元亲（1538—1599）

九州地区：岛津贵久（1514—1571）

大友宗麟（1530—1587）

上表尚有诸多未列入者，如山名氏、伊达氏、里见氏、神保氏、细川氏、尼子氏、三好氏、小早川氏、菊池氏、龙造寺氏、加藤氏、小西氏、昌山氏、增田氏、石田氏，等等。这种诸侯割据的局面至永禄十一年（1568）织田信长奉足利幕府第十五代将军义昭进入京都，方才告一段落。以后又经过织田信长、丰臣秀吉、德川家康三位强大的军事领袖领导，最后扫灭群雄，重安天下，迎来了二百六十余年的德川幕府时代。在战国与德川幕府时代间的几十年则被称为织（织田信长）丰（丰臣秀吉）时代或安土桃山时代（1568—1600）。

在战国与织丰时代，有几点是值得我们注意的。一是商品经济依然发达；二是新兴城市的自治化；三是大名与佛教宗派的关系。

所谓商品经济依然发达，先是日本大量从中国进口铜钱，继而自己也开始制造。铜钱等货币的广泛使用，刺激了商品经济的发展。这时，财富的概念就不再是更多通过所占有的土地来表现，政府的主要收入也从土地收入向商业收入转移，金银的地位被突出出来，商品作物生产和手工业生产也受到空前的重视。从中国传来的新的采矿技术和冶炼技术为开采矿山提供了便利，大名们对此尤为热衷，他们从开矿中获得铸造货币和武器的原料，并用货币与武器去追求更多的财富。农民们则普及商品作物的生产，譬如茶树种植就于此时在全国普及开来，除茶树外，还有生丝、蔬菜、油料等，他们需要用这些东西换取货币来缴纳税金。商业与手工业则在城市里盛行，并形成各种行会。大名们尽管贪图商人的财物，但他们不是像以前的地方诸侯那样一味盘剥，而是给予商人们一定好处，为货物流通提供便利。商人们因持有的财富而逐渐确立了本阶层的地位，他们虽仍需要大名的保护，但财富增加了他们的力量。于是，在大名与商人之间形成一种非常微妙的关系。

商品经济发达又带动了城市的兴盛。起初日本仅有京都、奈良、镰仓等几个城市，此时出现了一批城镇。在这些城镇里，最具代表性的是武野绍鸥和千利休出生的堺市。吴廷璆主编的《日本史》记道：

　　堺作为濑户内海航路的终点，其重要性最初不及尼崎和兵库，然而随着应仁之乱后细川氏将此处作为勘合贸易的基地（飞按：勘合贸易，明成祖时期与足利义满达成十分宽松的协议，日本以朝贡形式同明朝进行贸易，绝大部分贸易品采取明朝给价和自由交易方式。这

17世纪中叶的堺市（《日本志》插画，堺市博物馆藏）

种贸易形式对于日本有较大利润，后来中国加强了限制，至1551年后，勘合贸易基本解体。），于是骤然繁荣。接着三好氏也以这里为据点，一跃成为最大的港湾城市。堺也向以刀剑、绢织品和漆器产地闻名，枪支传入后，作为枪支制造的中心地更增加了其重要性。堺原为京都寺庙的一个庄园，其自治可溯源于十五世纪初村民集体负责向庄园领主缴纳年贡（原注："百姓请"）；至十五世纪末产生了由门阀商人组成的议会，出现城市自治。十六世纪中叶，这种议会成员达三十六名，称为"三十六众"，每月由其中三名代表轮流管理市政，裁断诉讼，处罚罪人。该市三面围以护城河，拥有自己的武装。这时期来到堺的一位欧洲天主教的传教士向本国政府报告说，堺富庶而和平，像意大利自由城市威尼斯那样实行自治。当时界的人口已超过五万。永禄十一年（1568）织田信长命令堺出"矢钱"（军用金）三万贯，堺拒绝交出。当信长企图以武力征服时，堺议会便致书另一享有自治权的城市——摄津的平野，呼吁以武力联合抵御。此举意义至大，如羽仁五郎所指出，它证明此时日本"甚至还有过近代自由城市共和制联盟的萌芽"（《日本人民史》）。

欧洲传教士将堺市比作以航海和经商著称的威尼斯。16世纪，中国势力已基本退出了印度洋。东西洋海路就成为冒险家的乐园。赶在这时，西方的航海技术迅速发展而激发起一些人探险东方的兴趣。当强大的中国退出印度洋以后，葡萄牙人占据了印度果阿和马来半岛的马六甲，以马六甲为基地开始了与中国、日本的贸易活动。随这条商路的开辟，天主教也尾随传来。1539 年西班牙人依纳爵（Ignacio）创立了天主教耶稣会，1542 年，他派遣传教士沙勿略（1506—1552，Franciscus Xeverius）等三人至东方传教。沙勿略先后至印度、斯里兰卡、新加坡等国，只是因为至中国的东洋海路不畅，反而来到日本。上文提到把堺市比作威尼斯的就是他。他于1549年在鹿儿岛登陆，旅日二年，先后至平户、博多、山口、堺市、京都等地，最后在山口建立了日本第一座天主教堂。这较耶稣会的利玛窦到明朝传教早了近40年。除沙勿略外，葡萄牙人与意大利人也由海路到日本，他们带来了枪支大炮等西式武器。有趣的是，因为他们是从南走东洋海路而来，日本人概称他们作"南蛮"。

足利幕府前期，日本与中国的往来尚多，且多由幕府控制，堺市的地位还并不突出。但是在海上贸易活动的促进下，兼之日本国内商品经济的兴旺，堺市作为贸易重镇的作用开始发挥出来。其优势在于，第一是距政治文化中心、也是日本最大消费城市的京都较近；第二是非幕府所一直掌控的贸易基地；第三是通过濑户内海而方便联系东洋海路。由此堺市迅速繁荣起来。沙勿略曾于1549年11月写信给在印度果阿的朋友，说："把在同堺通商时特别重要的商品表一并寄去，承办神甫们出航的人，如果带来表中所列商品的话，将获巨量金银。"（转引自《史料日本史》近世编，吉川弘文馆1964年版）不可忽视的是，西式武器传入后，堺市还成为滑膛洋枪的生产地，制造和贩卖西式武器也是堺市的重要产业。这样，堺市通过商业积累，以惊人的速度集聚起大量财富。对于习惯将土地看作财富的各路诸侯而言，这时就再无法抗拒堺市的诱惑。

江户时代前期的作家井原西鹤（1642—1693）出身于距堺市不远的大阪商人家庭，他在作品里曾多次描写过堺市。虽然时间晚了一些，仍可从他的叙述感受到初期堺市的富有。井原写道：

> 堺埠地方，暴发户很少。由于家底儿厚，祖传二代三代的旧时囤货，至今还在，待价而沽。银朱局拥有专卖之权，洋枪铺是官家买卖，各药材店都在长崎有稳定的联庄，无待外拆头寸。平时不甚追逐体面，却也间有一鸣惊人之举。南宗寺（1678年由堺市商人中村甚左卫门宗治重建）大殿以至于库房，都是由一人独资重修，殊可嘉矣。人情且不论，风俗颇似京都。上回有观世太夫（十一代观世太夫左近重清）在京都北野、七本松地方最后一次大显身手公演能乐时，包厢每间定价金锭一枚。除京都、大阪之外，均为堺人所包定，自是可知堺人好奇之至。

又：

这个堺津是富翁隐栖之地，摸不清底儿的富翁也不知其数。有的内库里收藏着五世以来的祖传古董、唐瓷、唐锦。有的从宽永年间（指 1624—1643 年间）以来每年收进的金，从不曾出过库。还有浑家十四岁嫁过来时陪奁的箱装银子五十贯，原封不动，叠在库里，直到女儿出嫁给她做了陪奁的。此地的风尚与别处不同，算盘打得精细，日子过得宽裕。(《日本致富宝鉴》，钱稻孙译）

这些描述突出了堺市的富有，作为战国诸大名来说，控制堺市既等于占有大量财富，又可以借此制约京都，对于争夺天下无疑是非常有利的。可是他们也不可过分动用武力破坏掉这棵摇钱树，而必须使之成为自己取之不竭的钱袋。在足利幕府末期占据堺市的大名多怀有如此的心理，这就仿佛是京剧里赵云大战长坂坡时，曹操有心收伏赵云，不许军卒放冷箭射杀赵云，结果反而为赵云在曹军里驰骋创造了方便。堺市能在战国群雄争霸中有机会暂时独作东方"威尼斯"，就恰似长坂坡的赵子龙吧。

一代枭雄信长与秀吉

所谓织丰时代，织田信长自 1568 年占领京都至 1582 年被害，计有 14 年。秀吉则自织田死后至 1598 年，凡 16 年。两人约各占了一半。

织田信长画像

织田信长好像陡然出现的一头迅且猛的豹子。他本是今爱知县内的一个较小的大名，率领着一支由长枪和洋枪组成的精悍队伍，击破强大的今川义元氏、斋藤龙兴氏；而后进取京都，挟幕府将军与天皇以号令诸侯，又平定武田胜赖等26国大名。除这些战绩以外，他还开始了对佛教界的清算。

此处又要补入对这一时期佛教情况的介绍。远在平安时代末期至镰仓时代初期，佛教宗派分成两大阵营，一为原来的八宗，一为净土宗、禅宗等新兴诸宗。这两大阵营间展开激烈斗争，各自的阵营中也时有纠纷。到了足利时代末期，诸宗间斗争纠纷未断，而当年的新兴诸宗也已经不新，并且集聚了相当的实力。在诸宗里最具实力的是镰仓足利两代所推崇的禅宗，老资格的法相宗、真言宗、天台宗和在地方民间活跃的净土真宗与日莲宗。其中禅宗以外各宗，力量约相当于大名，甚至是较大的大名。他们在这场群雄争霸的混战里，也不甘寂寞。季羡林先生在《中国佛教史上的〈六祖坛经〉》（收入《季羡林文集》第七卷）文中曾说道：

> 中国历史上几次大规模的排佛活动，都与经济也就是生产力有关。（中略）排佛主要原因是出于经济，而非宗教。僧人不耕不织，影响了生产力的发展，因而

不排不行。这就是问题关键之所在。

在所有的佛教宗派中，了解这个道理的似乎只有禅宗一家。禅宗是提倡劳动的。他们想改变靠寺院庄园收入维持生活的办法。最著名的例子是唐代禅宗名僧怀海（百丈怀海，749—814）制定的《百丈清规》，其中规定，禅宗僧徒靠劳作度日，"一日不作，一日不食"。在中国各佛教宗派中，禅宗寿命最长。过去的论者多从学理方面加以解释。不能说毫无道理，但是据我的看法，最重要的原因还要到宗教需要与生产力发展之间的关系中去找，禅宗的做法顺应了宗教发展规律，所以寿命独长。（中略）

在世界上所有的国家中，解决宗教需要与生产力发展之间的矛盾最成功的国家是日本。他们把佛的一些清规戒律加以改造，以适应社会生产力的发展，结果既满足了宗教需要，又促进了生产力的发展，成为世界上的科技大国。日本著名学者中村元博士说："在日本，佛教的世俗性或社会性是十分显著的。"日本佛教之所以能够存在而且发展，原因正在于这种世俗性或社会性。

季先生提出的宗教需要与生产力发展问题确是个关键，以日本历史而论，每到发生重要转折的时候，佛教界都相应会有所动作，这几乎成为日本历史的一个特点；同时也证明中村元教授的话是立得住的。不过，禅宗的所谓《百丈清规》以及"普请"（即季先生所说到的靠劳作度日）在中国实际未能坚持下来。在日本，五山的文化禅僧们似乎也难真去劳动。但是五山以外的大德寺派与曹洞宗，做到了不靠幕府过日子。他们不爱好政治，和幕府的关系不离不即，但也并不公开反幕府；他们的主要精力用于尽量去接近市民农民，依靠社会中下层力量来支持宗教活动。在足利幕府没落之际，五山禅寺面临危机，而大德寺派与曹洞宗的优势却体现出来了。战国大名们对大德寺派与曹洞宗尤其欣赏，支持大德寺派的大名有北条氏纲、上杉景胜、畠山义隆、畠山义纲、织田信长、丰臣秀吉、石田三成、前田利家、三好义徒、吉川辉元、黑田孝高等。支持曹洞宗的大名有太田道灌、北条氏康、北条氏政、武田信玄、武田胜赖、畠山义纲、朝仓义景、织田信长、前田利家、大内义隆、毛利辉元、浅井义政、大友义镇以及结城氏、山名氏、岛津氏、今川氏、德川氏等。从这两份名单就可以看出，几乎包括了战国时代所有最强的大名。在以后的历史中，大德寺派与曹洞宗就成为日本禅宗的主流。

可是，依靠庄园收入维持的法相、真言、天台诸宗，此时随着庄园经济渐被商品经济取代的大趋势而出现危机。他们以自己的老资格而对新潮流开始抵抗。织田与秀吉在某种意义上，可视作商品经济这种新潮流的代表。于是，真言宗的传法中心高野山与天台宗的传法中心比睿山都联络织田与秀吉对立面的大名，这两山都成为反对织田信长与丰臣秀吉的基地。在他们与织丰之间进行了一场殊死搏斗。元龟二年（1571）织田攻打比睿山，杀僧毁寺，沉重打击了天台宗势力。天正九年（1581）织田又屠高野山，杀僧千数百人。天正十三年（1585）丰臣秀吉也攻打真言宗新义派大本山根来寺，迫使该寺交出了所属庄园。

比真言天台更棘手的是净土真宗即一向宗与日莲宗。这两宗都拥有庞大的教团，他们是要代表社会中下层利益而与统治者对抗，前边在谈武野绍鸥时已经提到一向宗教团与地方诸侯的斗争，加贺国的守护就是在与一向宗教团的激战中大败而自杀。战国大名们或是有心借助他们的力量，或是为自身安全，也不得不对他们让步。作为志在得天下的织丰两人来说，他们只有像对待反对他们的大名一样对待这两宗。织田用了十年时间与一向宗教团战斗，其中围困一向宗在今大阪的本愿寺达四年之久，而结局则是双方讲和，一向宗从大阪退到今和歌山县。他们也先后对日莲宗采取了强硬措施。

织丰之后，德川幕府也用了一定精力解决佛教诸宗问题。经过织田信长、丰臣秀吉、德川家康这三大政治军事强人的几十年斗争，日本的佛教界才又稳定下来。所以，季先生所说的（中国）排佛是出于经济而非宗教固然有理，而以日本佛教界的情况，佛教界改造清规戒律也未必全出于主动，其世俗性与社会性也使得他们用世俗性与社会性的办法来维护自己的利益。与天台、日莲、真言、一向宗几宗相比，禅宗的不积极也不消极，立身出世与入世间的状态，较之他们的参加劳动，恐怕更是其寿命独长的原因。五山禅寺因其与政治过近，世俗性难免要强些。大德寺派与曹洞宗则更多体现出禅宗这样的特色。附带说一句，与这种世俗性与社会性较强的佛教宗派的斗争，织田与秀吉，以及后来的德川家康虽是胜利者，但他们都体会到剿平这种宗教势力之难，甚至超过与其他大名之战。他们难免心有余悸，对于宗教问题形成一套他们的观点，如注重出世成分较多的大德寺及曹洞宗，对日本神道予以关注，严密防止宗教势力扩大，等等。巧中之巧的是，天主教不合时宜地在这时传来，而且马上与地方大名取得联络；织丰便都不再容忍可能成为敌手的新宗教，直发展到德川幕府的公开迫害天主教徒。我以为，这时对天主教的限制，不能单纯说成是接受不接受西方文化的问题，即不能片面说是保守。霍尔教授在《日本：从史前到现代》书里说到此一时期的情况时，写道：

　　日本领袖情愿容忍外国宗教的态度已经开始变化。随着统一和巩固的浪潮席卷全国，欢迎西方商人和传教士的开放情况不见了。1587 年以前，基督教（飞按：此处仍以译作天主教为好）是不受压制的，直到 1597 年才出现第一个殉道士。1612 年以后，德川着手以残暴的决心和大量的生命牺牲来消灭这个宗教。但此后数十年中，外贸仍然得到鼓励，但是处于严格的限制之下，而中央领导又满怀嫉妒地禁止九州的大名以外贸致富。到 1640 年，日本已经采用了闭关自守和压制基督教的刻板政策。（邓懿、周一良译）

　　这种对事态发展的观察是准确的，但是并没有考虑织、丰、德川等何以如此，仿佛他们是一夜之间就突然变脸似的。其实对外来文化之接受与否，更多还应关注地主方的情况，不应仅强调输出方的立场和理由。

话再说到堺市，还是绍鸥中年的时代，京都一度由大名细川晴元控制，他就住在堺市。驻守京都的他的部下三好元长联络日莲宗，与旧主细川对抗；细川便与一向宗本愿寺教团结盟，共同攻打三好，三好兵败自杀。可是，细川尚未及高兴一下，势如破竹的本愿寺教团旋即北上奈良，大破法相宗兴福寺，欲乘势直取京都。细川忙又背一向而结日莲，在细川与日莲宗合击下，本愿寺教团受挫，山科本愿寺被焚。

京都大本能寺织田信长庙

这场持续年余的发生在京都与堺市之间的战争，至天文二年
（1533），才以细川与本愿寺教团讲和而告终，本愿寺教团与
日莲宗之间也达成妥协。细川晴元移居京都；一向宗与日莲
宗成为堺市的主要势力，又以一向宗为主。所以，谈堺市的
自治以及其富庶和平，不能忽略一向宗的影响。在武野绍鸥
的时代，堺市的自由度还较高。不过好景长久难，在绍鸥身
后，堺市受到来自强大的织田的威胁，其城市自治就难维持
下去了。

绍鸥是 1555 年去世的。1568 年织田占领京都，他懂得
要占据京都，不能不掌握堺市的道理，当年就要求堺市为他
的军队提供一笔开支。堺市尚未意识到织田即是很快要出现
的霸主，而且一向宗素与反织田的大名联合，对于织田的要
求自然是毫不犹豫地拒绝了。但是就在次年，织田即以武力
征服了堺市。又一年，即元龟元年（1570），织田与本愿寺
教团的全面斗争爆发了。堺市所依靠的宗教势力被削弱，更
难再自治下去。

织田信长对诸大名及宗教势力的迅猛大扫荡，使他初步
完成了统一的事业；但他军事征服的成分较多，制度调整不
足，树敌甚多，为人所深怨。1582 年，这位凶猛的霸主意
外地遭自己的部下明智光秀（1526—1582）暗算，在京都

日莲宗的本能寺内被强迫剖腹自杀，下场格外凄惨。

继信长而起的军事领袖丰臣秀吉原姓羽柴，也是今爱知县人，小信长两岁，长期追随信长。秀吉亦有类似信长的凶猛一面，但他更工于心计，颇具政治才干。在接过信长的基业后，他很费了一番工夫经营。1583年秀吉避开京都，修建了著名的大阪城作为自己的基地。他强迫堺市部分富户迁居大阪城，以增加自己的经济控制力。接着，他又迫使德川家康、长宗我部等有力大名以及高野山及纪伊根来寺的真言宗势力臣服。以军事与经济的双重实力，秀吉成为新一代霸主。

丰臣秀吉的茶道活动

丰臣秀吉在 1585 年至 1586 年间先后要求天皇朝廷授予他关白和太政大臣之名，并由天皇赐姓丰臣，以此为依据建立了新的中央政府。秀吉主导的政府开展了一系列行政制度改革，首先是要求全国重新测量土地，根据土地质量估计其产量，再据其产量决定其纳税多少，通常是按稻米的石数来计算税额。测量过的土地用耕农名字登记，所以又进一步规定，农民不得转入商贸业，武士则不许回到农村。城市市民则定位在工匠与商人。武士、农民、商人、工匠这四个阶层构成秀吉统治的社会基础。秀吉又规定非武士不得持有武

丰臣秀吉画像

器；改铸统一货币；废除关卡及关税，鼓励发展商业。与以打天下为主的织田信长比较，秀吉似转以坐天下为主。不过，秀吉毕竟是位跨越时代者，旧的一面，他内心深处仍然保留有对更多占有土地的欲望；新的一面，在独裁与金钱的两重作用下，他又对不以土地而以金钱炫耀独裁的做法尤为热衷。秀吉两次发动了对朝鲜的侵略，其目的则是要经朝鲜而问鼎中原。日本的入侵受到朝鲜与明朝军队的联合抵抗，最后以秀吉病死而告终。

军事政治社会以外，在以商品经济代替庄园经济的织丰时代，还发展起一种与东山时代不同的文化，就是在日本毁誉参半的"安土桃山文化"。霍尔描述说：

足利的军事贵族竞相模仿朝廷贵族，而十六世纪后半期的大名则不顾传统的典雅，创出他们自己的豪华和铺张。在当时的社会里，僧侣随处可见。在陪同大名时，和二百年前不一样，他们再也不是受人尊敬的顾问和有鉴赏力的仲裁者了。安土和桃山的风格是为取悦于粗野的、凭个人奋斗而统治国家的人，也为了显示他们的权力和财富。毗连高楼的府邸都用金、漆装饰得很华丽，屋顶和房柱都很复杂而怪诞，例如，奇特的、弯曲的屋顶，全面雕刻的柱子和鲜艳原色的大量使用。

最典型的、能代表这一时期的审美力的产物是泥金屏风和装饰大名住宅的嵌板，还有装饰府邸和寺院的柱子和嵌板的浮雕。桃山派的屏风画是狩野派发展起来的。例如永德（狩野永德，1543—1590）和山乐（永德画风的继承者，1559—1635）的作品都极为华丽、豪放而用色鲜明，大量地使用金箔，只是由于内容雄浑而细节有力，才免于过分雕琢之讥。现存京都西本愿寺或大德寺的样品，就具有装饰设计的非凡活力。浮雕主要是装饰品，它的特点在于从整体看来，它们给人以俗艳而不自然的印象，但作为单个雕塑时，却反映出日本人对简单和因袭传统的爱好。准确而灵巧地雕出来的花、鸟和动物，显示了日本匠人的熟练。

桃山屏风和雕塑，还显示了这个时期的另一特点，那就是新贵族生活的世俗内容。信长和秀吉欣赏的艺术很少有东山文化的微妙，也没有东山文化的神秘联想。不过他们并没有把宗教忽略——秀吉在京都建立了一座很大的佛像，比奈良东大寺的那座还大。不过，他主要目的在于提高自己的声望。在两次地震中损毁之后，这座佛像在1662年被熔化。随着德川家的兴起，寺庙也

失去了它的地位。（邓懿、周一良译）

　　此处霍尔有句话很重要，就是出身农民的秀吉一个主要目的是为提高自己的声望。这也是由秀吉主导的文化艺术活动的共同目的，其惯用的办法则是炫耀与夸张。

　　秀吉也是一位茶道的艺术家——尽管称秀吉是艺术家似乎有些勉强，但他在茶道方面无疑也是具有专业水平的，只是风格与后来被奉为茶道正宗的千利休不同罢了。

　　织田信长也是对茶道有兴趣的，但信长的兴趣更多表现在追求名贵的茶道具。大抵也是由于商品经济的驱动，兼之货币制度混乱，茶道具一度代替金银等货币的作用。这种情况倒也并不新鲜，约与中国对外贸易中以茶叶、马匹、香料等进行商品交换正相仿佛。而茶道具的价值暴涨，客观上也极大刺激了瓷器陶器制造等手工业的发展。信长藏有不少名贵茶道具，成为他的财富的一种象征。同时，他还招来堺市富商出身的津田宗及、今井宗久和千宗易即千利休等几位著名茶道家为他服务，称作"茶头"，这其实也有以名茶道家为名茶道具的意思，即同样是为他所占有的财富。

　　秀吉则在茶道方面比信长要投入得多。他是在何时开始茶道活动的，还不十分清楚，但关于他的茶事则颇有几件可说。

其一是重用千利休。秀吉对堺市的富豪既有强硬的一面，如强迫迁居大阪城；也有器重的一面，在军事上他重用堺市出身的将领小西行长，派遣小西为入侵朝鲜的先锋，并委派小西负责与明朝和朝鲜谈判。文化上则推崇千利休，秀吉亦于1582年命利休为茶头，但他对千利休的重视程度远超过信长。在秀吉的支持鼓吹之下，利休成为当时首屈一指的茶道艺术家。

其二是举办宫中茶会。织田信长是废除足利幕府将军自立为王的，因此有意拉拢被冷落已久的天皇。秀吉也采取了这样的办法。他要求正亲町天皇（1557—1586年在位）于1585年授予他关白之位，这是总揽国政全权的意思，从此秀吉有了合法的统治权力。为了答谢天皇，也为公开做出与皇室亲密的姿态，秀吉在就任关白后举办了宫中茶会。为表现对天皇的尊敬，更为夸示富有，他特意预备了新的茶道具，由他亲自为天皇点茶，千利休则作为具有指导性质的助手（日语所谓"后见"）。有些可笑的是，秀吉可能觉新茶具还不足显示他的财富，又将他所收藏的所有名贵茶具都陈列出来，把皇宫变成茶具博物馆似的；其中很多茶具的价值，要超过天皇每年的收入。真不知当日天皇对此作何感想。不过，这位七十六岁的老天皇在这次茶会上对千利休表示赞赏，赐以"利休"之名，这对于利休而言自然是莫大的荣誉。

其三是举办北野大茶会。1586年，秀吉又从天皇处得到赐姓"丰臣"以及太政大臣的名义，这相当于给予他贵族地位。次年他在京都宏大豪华的府邸聚乐第也建成。为了这两件喜事，作为庆祝，秀吉又拉千利休一起于1587年10月，在京都北野举办面向民众的规模浩大的茶会，这当然是要向社会展示他的资财以及其作为"贵族"的风雅。前次宫中茶会，为得到天皇召见与赐名，千利休或许对秀吉还怀有感激之情，因而勉强容忍了秀吉的夸富之举。可是秀吉日益过分，他竟然异想天开地做出黄金茶室，茶室全用黄金装饰，茶道具也全用黄金做成。他在北野大茶会上就展示出这奇特的黄金茶室。利休实在看不下去了，他更不愿继续被秀吉利用下去，他们由亲近渐成对立。

其四是杀千利休。秀吉在天正十八年（1590）平定关东，基本完成了统一日本的大业。秀吉的事业达到他一生的最高峰，自我意识随之膨胀到极限。千利休对他茶风的不以为然以及利休在茶道方面所赢得的盛誉，都引起秀吉的不快。终于，在 1591 年 2 月，他抓住一件小事，命令千利休剖腹自杀。他的这种愚蠢与狭隘，使得他在茶道史上留下恶名。秀吉固然在彼时茶道界占一时之上风，但因此而永远输给了千利休。

从以上所举的秀吉茶事来看，事实上他应是处在桃山文化的主流位置。他对黄金的爱好以及过度的表现，豪华的装饰，等等，其实都可说是桃山文化的特色，只不过秀吉本就缺乏文化上的修养，且又在每个方面都做到了极端而已。我们看那个时期的许多名画家，如曾从一休参禅的长谷川等伯，我们不能说他也缺乏修养，但他同样也大量使用金箔，只是还不至庸俗罢了。所以，千利休倒反是那个时代里的一个特例。

今日平心静气而论，丰臣秀吉以及安土桃山文化，都不过是为新潮流的商业革命做的一场浩大广告。或许昔日足利义满建造金阁也是要夸示富有，但正如霍尔所说：

> 没有一个过去的统治者拥有信长和秀吉的个人能力、专制权力和可消耗的财富。他们绝对是靠个人奋斗成功的，只能是自己的主人。比起早年的领袖如足利义满或藤原道长来，他们更坚强，但较少自我约束力。他

们大事营建，生活也豪华。（邓懿、周一良译）

信长与秀吉时代奠定了日本发展商品经济的基础，但他们还不知怎样依据其规律进行下去，更想不出如何完善商品经济制度，运用数字管理。最后，短时间聚集起的巨大财富只好被用来挥霍或囤积。引入深思的是，这种情况又是与中国宋代相似，有宋一代，也终未能解决继续发展商品经济的问题。

千利休的茶道艺术

我们现在才可以谈千利休了。千利休1522年生于堺市
的一个大水产批发商之家。堺市既是商贸港口，文化艺术
气氛也很浓厚，能乐、连歌、茶道都很流行。利休少年时
即开始学习茶道，最先是向一位名叫北向道陈的老师学习
书院茶道，就是对足利义政银阁时期茶风的模仿。18岁时
改师比他大20岁的同乡武野绍鸥为师，得到绍鸥的格外器
重。我们现在还不好说当时绍鸥的茶道艺术已经发展到怎样
的程度，但照常理想，那时绍鸥还是刚从连歌师正式转入茶
道不很久，其艺术当也还在发展中。此时距绍鸥去世尚有
十五六年，可能正是绍鸥创立其艺术风格的关键时候。这就
等于说，绍鸥风格形成时期，千利休曾伴随乃师一起经历
了这一过程。换一种方式讲，就是千利休走过与绍鸥同样
的路。

我在谈武野绍鸥时曾说到我的一种推测，绍鸥晚年可能

千利休画像（堺市博物馆藏）

出现对村田珠光的再次认同，所以又找到禅门；只是他没有
来得及更深地在禅宗气氛里去体会珠光，便过早的去世了。
由此出现一个重要问题，即千利休事实上是比绍鸥更早开始
参禅的。有资料说，大德寺第九十代住持大林宗套在堺市开
创了南宗寺，千利休15岁即从大林学禅，竟是比绍鸥早了

十九年。他的"宗易"之名即是从南宗寺得来的法号。这就存在着在禅宗方面，究竟是利休影响绍鸥，还是绍鸥带动利休的疑问。当然，利休后来来往最密切的禅僧是大德寺第十七代住持古溪宗陈，他们是三十几年的朋友。不过，可以想象，年轻的利休即已表现出他的艺术才华，不管他与绍鸥是谁影响谁，他们的关系颇有可能接近于当年的能阿弥与珠光的合作。

利休较早参禅，使他无形中又比绍鸥更容易理解村田珠光。他留下一句颇为费解的话，说茶道的"传"是绍鸥所做，"道"是来自珠光。我们可以简单把此话解释成，珠光注入精神，绍鸥完成形式。需要补充一点，即前章论绍鸥时所云的，绍鸥的"传"，除艺术形式外，似还应包括茶道的组织形式。这句话表明，利休既认同珠光，亦认同绍鸥。而他要做的工作，就是将珠光与绍鸥的茶道艺术相融合。

首先，利休重复了珠光的"佛法即在茶汤中"与"茶禅一味"的观点。《南方录》记利休语有：

> 草庵茶（珠光风格的茶道）的第一要事为：以佛法修行得道。追求豪华住宅、美味珍馐是俗世之举。家以不漏雨、饭以不饿肚为足。此佛之教诲，茶道之

本意。

又：

　　须知茶道之本不过是烧水点茶。

又：

　　草庵茶的本质是体现了清净无垢的佛陀的世界。这露地草庵是拂却尘芥，主客互换真心的地方，什么位置、尺寸、点茶的动作都不应斤斤计较。草庵茶就是生火、烧水、点茶、喝茶，别无他样。这样抛去了一切的赤裸裸的姿态便是活生生的佛心。如果过多地注意点茶的动作、行礼的时机，就会堕落到世俗的人情上去，或者落得主客之间互相挑毛病，互相嘲笑对方的失误。（中略）如果由赵州作主人，达摩作客人，我和你（指利休弟子南坊宗启）为他们打扫茶庭的话，该是真正的茶道一会了。如果能实现的话该多有趣啊。说是这么说，也不能把这目前在世的人当成达摩，当成赵州。有这样的想法本身也是对事物的一种执着，是行佛道的障碍物。那些想法就让它算了吧。（中略）以台子茶为中心，茶道里有很多点茶规则法式，数也数不清。以前，茶人们只停留在学习这些规则法式上，将这些作为传代的要事写在秘传书上。我想以这些规则法式为台阶，立志登上更高一点的境界。于是，我专心致志参禅于大德寺、南宗寺的和尚，早晚精修以禅宗的清规为基础的茶道。精简了书院台子茶的结构，开辟了露地的境界，净土世界，创造了两张半榻榻米的草庵茶。我终于领悟到：搬柴汲水中的修行的意义，一碗茶中含有的真味。（以上皆转引自滕军《日本茶道文化概论》）

我们从利休的这些话，可以感到他确实把握住了珠光"佛法即在茶汤中"的茶道精神。稍有不同的是，珠光注重人与物的关系，强调重要的不是器具而是人，得不到好的器具的人，索性就不要拘泥于器具才好。利休则注意到另外两种关系，即作为人的一方的主客关系和茶人之精神世界与茶道的规则法式的关系。

在主客关系上，他开玩笑说想以赵州从谂和尚为主人，以达摩祖师为客人。这个玩笑颇可玩味。用临济宗的四宾主理论来看，这正是主客俱悟的所谓"主中主"的境界。而此

中以祖师达摩为客，赵州为主，设计尤妙；也即是临济宗不
拘资历、互相启发的自由活泼禅风的表现。按：《临济录》
说"主中主"道：

> 　　或有学人，应一个清净境，出善知识前。善知识
> 辨得是境，把得抛向坑里。学人言，大好善知识。即云，
> 咄哉，不识好恶。学人便礼拜。此唤作主看主。

这是主客交锋的场面，哪怕是清净之"外境"亦不予执
着，而内心世界更是沉稳安定。利休或是以此为茶道之最高
理想境界。但是，他随即想到事实上还存有主中宾、宾中主、
宾中宾等另外三种情况，且这三种反是最常见的。他若忽视
这三种常见情况而去追求那不可待之理想，则难免也落入执
见。利休马上警醒了，把此语就收回了，说"那些想法就让
它算了吧"。

这次算是利休说走了嘴，却使得我们感觉到他显然是
以茶道活动中的主客在象征临济宗里的宾主关系。主客共同
达到一种精神自由状态，并通过茶道活动表现出来，从而
在主与客间得到互相确证。这就是利休所谓的"主客互换
真心"吧。

　　利休还论及茶人之精神世界与茶道的规则法式的关系。他也在话语中透露出他的秘密，即从禅宗清规里得到启示。这里需要略作说明的是，中国禅宗至北宋末南宋初，成临济与曹洞两宗对立之势。两宗修行方式亦不相同。临济的大慧宗杲倡导看话禅，又云话头禅；曹洞的天童正觉倡导默照禅。看话禅简单说就是抓住话头参究。譬如我们在论珠光时提到的黄檗禅师对待"无"字的办法。默照禅则是主张坐禅，摄心静坐，潜神内观，即突出宗教修行形式。日本引入禅宗后，作为具备一定文化修养的人，对于看话禅较为欣赏，以为不拘形式且是调动自己之文化修养而进行的一种深思。但对于文化修养不足者，难免觉得过于玄妙，苦于摸不着头脑，无从入门。所以永平道元传来曹洞宗，随便是谁，只要开始打坐，修行即已开始，这就为更多的人广开方便之门。道元的基本主张就是"只管打坐"。当年的五山禅僧倾心中国文化，对于临济的看话禅更有兴趣。但大德寺派与曹洞宗则批评五山之宗教形式不足，以反五山的姿态提倡坐禅形式，曹洞宗在恪守清规方面又超过临济宗的大德寺派。

　　话说回茶道，武野绍鸥即持客观审美的观点，积极发展茶道的形式，追求器具的感性性质，在器具的比例、秩序、形状、光线等方面都做出规定。这种做法继续下去，则有可能深陷于形式，且越来越烦琐而矫情。利休随武野走过这条道路，应该会有所感受。但是，他也能知道，若真是放开形式，只强调茶人心境，也会使得很多人摸不着路径，无所适从。所以，利休巧妙地把看话禅与默照禅两种办法结合起来。他继承珠光的做法，把茶室壁龛里的墨迹再次推回到崇高的位置，说：

> 挂轴为茶具中最最要紧之事。主客均要靠它来领悟茶道三昧之境。其中墨迹为上。仰其文句之意，念笔者、道士、祖师之德。[①]

客人来到茶室，应先对挂轴行礼，体会所书之意。这显然是出自看话禅的影响，所以挂轴所书都应具有话头的性质。

另外，利休又指出要"以规则法式为台阶"，即也不可

---

① 滕军书里对这段话前后出现两种译法，另一种译法是：

禅师墨迹为种种茶道具之首。借此，主客同达茶汤三昧、一心得道之境。以墨迹为引导，崇仰其文句之寓意，怀念笔者、道人、祖师之高德，俗人之笔不得挂于茶室。

忽视形式，从形式入手而去追求提高精神境界。这样，所谓茶道的规则法式，就不再是为客观的比例、秩序等服务，而是成为坐禅似的，要与精神紧密联系。这又当是汲取了默照禅的营养。利休能做到兼收看话默照之长，集合珠光、绍鸥之艺，又在两家基础上有较大发展，利休遂无愧为茶道之集大成者。其实，利休又何尝不是禅宗之集大成者呢！井口海仙著《茶道入门》中云："茶道的成立是禅的历史上未曾有过的禅的活用。"我非常赞同这个说法。赋予"不立文字"之禅以茶道这样的表现形式，这实在是一种超出意想的很了不起的创举。

说到利休的"以规则法式为台阶"，内容尤为繁杂。我将其略作归纳，以为其关键在于造境，办法是，在一个特殊空间里达到无一物无用，无一物不适，无一物无趣，无一物不美。而此处之用、适、趣、美，又不是孤立的，而是多能兼具于一物。这就又要说到利休的美学。

滕军《日本茶道文化概论》里对利休茶道艺术的记述散见于各章，谨将其记述稍作集中：

茶碗：

　　　　大陆传来的茶碗样式端庄华丽，利休觉得表现不

长次郎烧制的乐窑茶碗（表千家不审庵藏）

了自己的茶境。于是，他大量使用了朝鲜半岛传来的庶民用来吃饭的饭碗——高丽茶碗。高丽茶碗属于软陶，质地松，形状不规则，表面有麻点，色彩朴素，无花纹。利休在使用高丽茶碗之后还觉得不满足。于是，在他的设计、指导之下，与陶工长次郎共同创造了乐窑茶碗。乐窑茶碗也属于软陶。碗壁成直筒形，碗口稍向里。不用轮转，用手做成。形状不匀称，以黑色、无花纹为最上等。

清水罐：

他将汲井水用的吊桶拿来用作清水罐。

花器：

将渔人捕鱼用的小竹笼拿来用作茶室里的花器。

壁龛：

掺有稻秸的壁灰一直抹到壁龛内部，连壁龛内侧的两根柱子都挡掉了。本来在室町时代的高级文人看来，壁龛是摆放高级艺术品的地方，其本身要设计得十分高雅豪华。但千利休却一扫这一传统观念，将壁龛改造成为草庵的一部分。他甚至说，"挂在墙上的挂轴别有情趣"。

茶庭：

石灯笼也是茶庭一景。据说有一天的拂晓，千利休路过一个寺院，被一个石灯笼闲寂的姿态所感动，于是，他将石灯笼引进茶庭。石灯笼在茶庭中的位置没有什么规定，可根据景色自由设计。千利休主张下雪天不要点灯，怕灯光破坏了雪景。

大名物釜（烧水用，利休指导下做成）：

此种茶釜，盖比较大，适用于冬季。当打开茶釜时，一团白色的热气从茶釜里冒出，使客人感到舒适，也增加了茶室的湿度。

贮茶坛：

在千利休以前的时代，贮茶坛是一年四季摆置在茶室里的。草庵茶成立以后，将这种炫耀富有的行为取消了。

从这些记述看，利休的美，可以归纳作：一是非世俗所谓美之美，这仍是破除执见的意思。二是从世俗中抽出美，即用自己之心去发现美。三是承认美是可以创造的。如其参与乐窑茶碗与大名物釜的制作。关于这一点，似乎有些出了禅宗的格，但出于艺术的要求，利休又不得不如此。利休便用了武野绍鸥的办法，引入和歌理论作为依据。他欣赏的是与藤原定家齐名的歌人藤原家隆（1158—1237）之作：

莫等春风来，

莫等春花开，

雪间有春草，

携君山里找。

这就稍稍引入了些积极的色彩。还有必要说一句，器物的实用与美感间往往存在矛盾，利休处理这一矛盾时，他的意见是，"用六分，景四分"。即尽量关注实用性。

我们尚有一处没有说到，就是在茶室与茶庭间，还有一个人与自然和艺术与自然的关系问题。限于篇幅，简略地说，庭园即茶道所谓露地，有象征自然的意义；茶室的建筑所以选择草庵的样子，也有要与自然融为一体的意思。不过，茶庭又非真的自然，而是超自然的，庭园里每块石，每棵树，都经过精心设计；整座庭园就是一件艺术品。利休在超自然的同时也对自然相当尊重，上面说的石灯笼的设置就很能说明这一点：利休提出雪天不要点灯，不因灯光而破坏雪景。

我还较为欣赏茶道庭园里的洗手池，可惜不能知道是否源于利休。这种洗手池多是尽量接近自然，有时就是岩石上的一汪清水，可是由此想到是为客人洗手而设，就使得在人的茶室与自然的茶庭间添加了一种联系，把二者连接在一

莫等閒風來莫等春光開

雪間有春草攜君山裏找

辛丑秋斯宛兄囑書藤原家隆詩句

范梅强书藤原家隆诗句

起。这种感觉无疑也是奇妙的。

由此，茶室、茶庭、茶人、茶具，都相互交融，互相显现，创造出一种特殊的境界。所以说特殊，是因为这种境界，还不能用寻常的境界去解释。我以为还要从禅宗去找寻出处。这出处或即是临济宗的四料简理论。《临济录》之"示众"开篇就引临济义玄祖师语：

> 有时夺人不夺境，有时夺境不夺人，有时人境俱
> 夺，有时人境俱不夺。

这里只说最理想的人境俱不夺，简说即是主客观各自按其规律而并存，但身在其中者却无所执着，可以既不陷入主观世界，亦不陷入客观世界。用临济祖师话说，是：

> 王登宝殿，野老讴歌。

这不正是利休所要努力创造出的茶道境界吗？当然，造境归造境，还要与主客的问题放在一起讨论。若无理想的主与客，则空有其境；或者说，其境就无法成立。我想，利休也许正是意识到这个问题，才感慨说，如何能令赵州为主，

达摩为客？这真是要使利休徒呼奈何了吧！

迫不得已，只好从理想退后一步，求以此种境界作为接引众人的手段。这就是临济祖师所说的：

> 若有人出来，问我求佛，我即应清净境出；有人问我菩萨，我即应慈悲境出；有人问我菩提，我即应净妙境出；有人问我涅槃，我即应寂静境出。

待庵

《五灯会元》卷四载，有僧自河北往参睦州陈尊宿，僧告陈以赵州从谂禅师的"吃茶去"的话，陈听后道声"惭愧"。僧就问陈，赵州的葫芦里到底卖的什么药？陈答说，"只是一期方便"。我以为用这"一期方便"来解释利休苦心造茶道之境的用意，可能是很适合的。正是：若有人问利休禅，利休即应草庵茶境出。

这以上却是从禅宗角度来看的。今日我们却无妨脱离利休当年设境本意，而从艺术角度来观察。不难发现，利休茶道实际上是表现出一种主客观统一，或说超越主客观的审美观。就是说，主观的人的内在的精神理念转化为外在现实，人由此得以在这种外在现实中确认这种精神理念，并由此产生审美；美因此是主客观相互作用的结果。

其实这就是西方流行于近代以后的审美观，利休却早数百年得之，这当是利休之骄傲。

利休于 1582 年在京都建成了一座只有两张榻榻米大小的茶室，名为"待庵"。待庵从外观到构造可称精致至极，可说是利休的超越主客观的哲学美学的全面体现。

千利休之死

前文介绍千利休的茶道艺术时，似乎给人一种感觉，就是千利休茶道艺术的理论全是来自禅宗似的。茶道的基本精神固然与禅宗有密切关系，但早在村田珠光时代就开始提出"融和汉之境"，又经过武野绍鸥对日本固有文化的强调；到了利休的时代，所谓和汉相融，实际上已经是你中有我，我中有你，很难再分别开来了。滕军《日本茶道文化概论》引佐佐木三味谈茶碗的话，说：

> 看上去只是一只茶碗，一块陶片。但是，一次两次，五次十次，你用它点茶、喝茶，渐渐地你就会对它产生爱慕之情。你对它的爱慕越是执着，就越能更多地发现它优良的天姿，美妙的神态。就这样，三年、五年、十年，你一直用这只茶碗喝茶的话，不仅对于茶碗外表的形状、颜色了如指掌，甚至会听到隐藏在茶碗深处的

茶碗之灵魂的窃窃私语。是否能听到茶碗的窃窃私语，这要看主人的感受能力。任何人在刚刚接受一个新茶碗时是做不到的，但是随其爱慕之心的深化，不久便会听到。当你可以与你的茶碗进行对话的时候，你对它的爱会更进一步。茶碗是有生命的。正因为它是活着的，所以它才有灵魂。

这段话不仅说出茶人与茶具的关系，而且也表现出受日本文化的浸润。通常来讲，中国文化里人的地位非常崇高，神话传说常有动物植物经过修炼而获得近似人的形体，成为妖或成为怪；但这类情况用于没有生命的物体则是少而又少。拥有生命的"人"与没有生命的"物"间存在一种事实对立，"贵人贱物"是我们一种传统美德。日本则因其原始神道是信仰多神的，号称有"八百万神"，物物亦皆有其神。这就影响到日本人对"物"有种特殊的亲近感，认为"物"也有生命、有灵性。或者说，赋予无生命的"物"以像人一样的既有生命本体，又有灵魂等精神世界，这是日本人非常在行做的事情。友人止庵君在他的《我与自然》文中引过画家东山魁夷《与风景对话》里的话：

　　抛弃寻找作画题材的欲望，只是一心一意地静观时，却能遇到这样的风景，好像自然在悄悄地对我说：画我吧。那毫不足奇的一幕抓住了我的心，使我停住脚，打开了写生本。

止庵君对此赞赏不已，但他由此想到天人合一上去了。我读到这段话时，就意识到又是日本人心目里的"物"的精灵在作怪。

　　所以，我所云千利休"造境"时，追求在一个特殊空间里达到无一物无用，无一物不适，无一物无趣，无一物不美的效果；这是以对"物"的形体和灵魂的尊重为基础的。人实际是在与"物"平等的位置。利休在用"物"时，既关注物之形体、质量，更关注物的灵魂。甚至，他对于后者的重视程度要超过前者。滕军书中提到几件利休茶事，可以从中体会利休的茶道风格。

　　其一：

　　一天，人上报丰臣秀吉，说利休家的院子里开满了牵牛花，好看极了。秀吉便示意利休为他在某日的清晨举行一次茶会，以欣赏那满目的牵牛花。那一天，他兴致勃勃走进利休的院子，可是所有的牵牛花都被利休剪掉了。秀吉不禁恼怒起来："这不是捉弄我吗？"可是，当他来到茶室时，他发现在暗淡的壁龛的花瓶里插着一朵洁白的牵牛花，其花露水欲滴，显示出无限的生命力。秀吉大吃一惊。为表现牵牛花的内在世界，剪掉一片只留一朵，这种空前的艺术手法为后世茶人所推崇。

其二：

有一年的春天，尽管当时的花器都是筒形的，秀吉却故意找来一个大铁盘子，表面盛满水。然后把一大枝梅花摆在盘子旁，命令利休插花。众人议论纷纷，都为利休担心。而利休则沉着地拿起那枝大梅花，将梅花一把把地揉碎，花瓣花苞纷纷落在水面上，之后，利休把梅花枝斜搭在盘子上。那风雅优绰的艺术境界使秀吉连同在座的人目瞪口呆。

其三：

据说，有一次千利休主持以山茶花为主题的茶会。

可是客人们在壁龛里、茶具的花纹里、茶食里、茶点心上都没有发现山茶花的踪迹。散席时，客人们询问今天的山茶花在何处，千利休指着尘穴（茶庭里设有一个象征性的厕所，称为饰厕，只是用来观赏而非使用的。尘穴即象征便坑）说：不是在这儿吗？人们围近尘穴一看，果然，一朵鲜艳的山茶花在放射着异彩。在生活的任何角落都去发现美，可以说是千利休独有的才华。

又有一位对茶道修养颇深的诗人薄田泣堇（1877—1945）曾经提到一个利休的故事：

> 往昔，千利休曾在飞喜百翁的茶会上吃西瓜。西瓜撒了糖。利休只吃没糖的部分。回家后，他笑着对弟子们说：原以为百翁乃深解至味之人，不料并非如此。今日宴请西瓜，竟特意撒上糖。西瓜自有西瓜风味，真是干了件蠢事。（黎继德译）

这几个故事都生动地说明利休对"物"本质的重视，以及从其本质出发，而对"物"的灵魂世界的有意突出。利休被秀吉命令自尽时，他亲自动手做了一个竹茶勺，送给他的

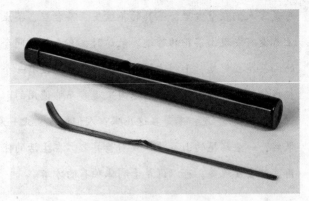

茶勺 "泪" （德川美术馆藏）

弟子古田织部（1544—1615）。古田明白了利休的意思，这
是利休把他的伤痛都寄寓于此茶勺中。古田为这个茶勺取
名 "泪"。不幸的是，这位古田后来的命运与利休一样，被
当权者命令剖腹自尽。这茶勺便寄托了两代茶道大艺术家的
沉痛。"物" 之魂遂与 "人" 之魂合一。我以为这却是利休
茶道所创造的最伟大的艺术。日本佛学家铃木大拙一个基本
观点就是 "物我合一"，这怕是非日本人所难以体会的了。
铃木大拙还说过：

　　各位啜一杯茶，我也啜一杯茶，行为似乎一样；

但是在我们各自的一杯茶中，心境却不一样，有人的一杯茶里并没有禅意，而有人的一杯茶里却禅意盎然。这原因并不是外在的，因为一个人在逻辑理性的圆周内辗转，而另一个人却站在逻辑理性之外。

我把这话反过来说，若是完全站在禅宗思想与日本文化以外，无论如何也难体会利休茶道的好处，那实在不过就是一碗茶而已。而所谓禅宗思想与日本文化，在利休的茶道中，即到难以分开的程度了。川端康成在其演讲《美丽的日本和我》里说道：

> 日本在吸收消化了中国的唐朝文化后，又成功地赋予了日本特色，大约在千年以前，产生了灿烂辉煌的平安朝文化，确立了日本美。

那么，茶道当可以说是日本吸收消化中国宋文化后，成功赋予日本特色，产生的日本的独特艺术吧。

可是，利休出生于商业贸易活跃的城市堺市，生活在商品经济刚开始高速发展的时代，又遭逢丰臣秀吉这样一位一统天下的强权者。利休其生，可谓不占天时，不占地利，不占人和；但对于其艺而言，却正是这些"不占"，使得他的艺术得以超越其时代，成为一种不朽的艺术。

我在前文里用了"丰臣秀吉的茶道艺术"的说法，这是因为我们也不能说丰臣的就不是茶道，只是他的茶道不过是一时的热闹，迎合的是商品经济兴起的潮流与其自己要表现要炫耀的心理，而且秀吉把这种茶道作为对其政权的一种宣传巩固措施。所以，秀吉与利休在茶道理念上是无法调和的。

天正十九年（1591）二月二十八日，秀吉派重兵围困利休的住宅，要求他剖腹自杀。当时说的理由是，利休为大德寺捐建了山门，名曰金毛阁；大德寺为感谢他，就在阁上为利休立了一座木像。秀吉知后大怒，说是"难道让什么人都从你的草鞋下走过吗！"于是下令要利休自裁。若换成中国的说法，大概就是责其僭越、逾制的意思吧。不过这种事，在中国也往往是被用来作借口，极少有人单是为所谓逾制而送命。利休之死，在日本也有诸多说法，如说利休反对秀吉对朝鲜用兵，说利休信奉天主教而不肯改变信仰，说利休高价买卖茶具从中获暴利，等等。其中较有说服力的一种是，利休被卷入秀吉身边的政治斗争，他和秀吉的弟弟，性格温和的丰臣秀长（1539—1591）的关系过密，甚至形成以秀长和利休为首的小集团。所以在秀长刚去世一个月，利休就被赐死——派重兵围困其宅，似也有防其反抗的意思。

对于利休参与政治的程度，还不大好把握。他作为曾经是自由城市的堺市人，其实是有许多反对秀吉的理由的。如他最初参禅的南宗寺，是由大名三好氏捐建的；他的老师武野绍鸥和大名武田氏有血缘关系，又曾是反信长与秀吉的一向宗信徒；他的禅宗师友古溪宗陈则出身于秀吉的敌人越前大名朝仓氏。这些关系对利休是否有所影响都很难说。我们只能说，利休并非是只沉浸于其茶道世界而不问世事的。这也不能就说是利休之缺陷，刚好说明利休也不是不食人间烟火的，所以对于利休茶道，亦不必过分神化。正如利休自己所说：

> 夏天如何使茶室凉爽，冬天如何使茶室暖和，炭要放得利于烧水，茶要点得可口，这就是茶道的秘诀。

所以，我们可以说利休基于使更多的人能接受禅宗的熏陶，而把茶道完善成为具有禅宗气质的日本艺术，使人能于茶道活动中感受到禅宗对于人生的警醒，感受到茶道异常丰富的精神世界。

利休逝前留下遗偈：

> 人生七十力圍希，
>
> 咄
>
> 吾这宝剑，
>
> 祖佛共杀。

　　他在偈语里表明，生则尽力去活着，死亡也未尝不是一种解脱。所谓祖佛共杀，我以为仍要从禅宗角度去理解，就是临济祖师的话：

> 道流，你欲得如法见解，但莫受人惑。向里向外，逢着便杀。逢佛杀佛，逢祖杀祖，逢罗汉杀罗汉，逢父母杀父母，逢亲眷杀亲眷，始得解脱。不与物拘，透脱自在。

　　利休得此透脱自在欤？

　　利休身后，有七大弟子，号称"利休七哲"：古田织部、蒲生氏乡、细川三斋、濑田扫部、芝山监物、高山右近、牧村具部。又以其血缘而传"三千家"，即表千家、里千家、武者小路千家。传至今日，参加茶道活动者数以百万计，也算不负利休当日的心血了。

结语

现代茶道路在何方?

　　距千利休去世近三百年，公元 1868 年的明治维新将日本历史又推进一个新的历史阶段。这个新历史阶段的显著特色是，引进西方文化作为这个阶段发展的基础。霍尔在《日本：从史前到现代》中对那个时期的情况描述说：

　　　　一方面，那些嫌恶自己过去和它的价值的人，鼓吹全盘接受外国的东西，他们说："日本必须再生，以美国为母、法国为父。"来源于当时盛行的社会达尔文主义的学说，建议日本人应该通过异族婚姻吸取高级的血液流入自己的血管。这种建议居然得到像井上（井上馨，1835—1915）和伊藤（伊藤博文，1841—1909）这样高层政治人物的短暂支持。日本语言的改良，甚至于作废，也被认为是"进步"的需要。狂热地采用西方办法，使他们攻击日本过去的一切。日本的政府、艺术、文学、哲学都被认为是愚昧无知、野蛮文化的产物。对许多人说来，西方的做法成为不可抗拒的时尚。他们劲

- 235 -

头十足地穿上西服，戴上西式帽子，留起头发，戴上手表，撑上伞，学着吃肉。全国很快地采用了西方的物质文明，有时候简直是盲目的狂热。

西方文化给日本社会带来巨震，也导致日本文化开始发生深刻变化。孰料这一波尚未及落，"二战"战败后又来了美军占领时期，真的来了这种"以美国为母"的日子，日本文化又多了一种被强迫性的变化。前后百余年间日本历史可说是明治维新开启了新时期文化的孕育阶段，而这孕育阶段至今也不能说是已经宣告结束，至于将来到底有何结果诞生，委实还难以预料。

这种文化的巨变期，传统文化所面临的就不仅是孕育的问题，它或者是听任命运安排，被冷落、被淘汰、被当作文物古董、被化作养分为孕育中的胎儿提供营养；或者是自己主动投身于较孕育更痛苦的火中涅槃，经历涅槃而投胎到那个将来要诞生的新文化里，在新文化里占一席之地而仍然继续其生命。其实，这后者的涅槃，听来甚难；实际上，当日的斗茶会之转为茶道，不就是如此做的吗？可见这种做法是早有先例的。

川端康成对现代茶道的批评似乎是有些保守，但我想，他所提出警惕的，当是不要落入对时风的追逐。假如斗茶会仅是变作丰臣秀吉式的茶道，是否再生其意义也就不大了。川端以长篇大论来阐述日本美，他的用意当是，一面向世界介绍独特的日本美，希望更多的人能理解这种美，珍视这种美；另一面，他似乎也在提醒现代的日本人，不要忘记这种美是日本文化的基础，即便将来创造出新的日本文化，这种美也当是必须具备的内容。

我是格外注意川端在诺贝尔文学奖颁奖时的演讲的，以为这是川端对他的作品及他所认同的美的一种总结。其后他还有在夏威夷大学的演讲《美的存在和发现》，好像试图要对这种美进行更深层次的分析，可惜他没有能做到这点。

像川端这样的对日本文化的反思，很多作家、艺术家也都曾有过，大家的思考亦不尽一致，乃至相去甚远。另一位比川端还大几岁的作家森田玉（1894—1970），就提出一种与川端不同的意见。他在《连结着世界的美》文中说：

> （前略）最近我通过亲身体验而惊讶地发现，美随着主客观的变化而变化这一事实，使得我抑制不住地倾吐出来。（中略）例如美女的脸，我做孩子的时候，公认为美的瓜子儿脸，眯缝欲睡的细长眼，如今已被排除

在美人的框框之外。从前大嘴女人绝非美女，现在有时认为大嘴笑的样子最美。这变化多大呀。在一直恪守旧传统的品茶的世界里，我看也有这样的事。如今已不是只有从狭小的茶室里特有的侧身而过的小门端进茶来，才算饮茶；而宽阔明朗的露天茶座或西式建筑中立体的座席，已逐渐产生了新的饮茶之美。……不，说它新也许有语病，应该说，饮茶之美很自然地正在朝这个方向变化着，别把饮茶单单局限在日本之中，为适应全世界的人们的需要，非变成这样不可。

到欧洲一看，让我吃惊的是，那边的人对于饮茶和插花也有浓厚的兴趣。丹麦的某位博士问我："有英语写的关于饮茶的书吗？"我答应他回日本以后遇到了就寄给他。据他说看过冈仓天心（1862—1913）写的关于饮茶的书。（中略）

在阿姆斯特丹举行国际作家大会期间，一位瑞士的女作家热心地向我询问茶会的事，我只教了她们用喝红茶的杯子代替茶碗喝茶的礼法。也有把茶室和茶会混同起来的人，我煞费唇舌地解释茶室是茶馆，茶会也不是有妓女陪着的打茶围。况且我又不会说英语，用记得半生不熟的单词勉为其难地对付，那是要流汗的。

　　日本名古屋大学的坂田博士在哥本哈根波阿教授的原子物理研究所工作，随后九州大学的尾崎博士也来了，这两位都带来了茶叶末（飞按：这里当指末茶）和搅茶用的小圆竹刷（飞按：指茶筅）。一天晚上，在邀请他们去喝茶的那家，两位博士表演茶会给他们看。只是没有茶碗，从那家的厨房里挑选了最近似茶碗的餐具来代替，尾崎博士虽然一招一式地施展他的浑身本事，但是不是茶凉了，就是茶碗太滑没法拿，怎么也弄不好。丹麦的妇女们，屏气凝神，圆睁双目地看着，等喝一口好不容易才泡出来的茶时，便连声说好，虽然带点苦味，可是非常好喝。而且对这样的饮茶方式颇感兴味。她们闪烁着目光，说自己一定也要学会茶会的做法。

　　为了让这些人比较容易地品茶，我痛感到，饮茶室入口处的洗手盆和侧身而过的小门是不重要的，首先得有立体的座席。我认为为了让除了红茶和咖啡别无所知的人们懂得茶叶末苦涩中的香，感到泡茶饮茶礼法中的新鲜魅力，与其让他们从侧身而过的小门进来，跪坐在硬邦邦的榻榻米上，弄得两腿酸麻，不如让他们安适地坐在椅子上学会它，这也许有更强的普及性，而能更快地传播开去。在没有日本式房间的外国自不消说，就是在日本年轻人的世界里，就是坐椅子的习惯多于跪坐。考虑一下适合这种习惯的饮茶礼法是应该的。

我认为一切生活之美均在于自然地流动着的新变化之中。虽然按照传统肯定是美的东西，但如果过于执着于它，闭目不看周围的变化的话，它就会变成悖于自然潮流的丑。泡茶的方法是顺理成章地自然形成的，所以它才美，而侧身而过的小门并非第一义的东西。有人说不是侧身而过的小门端进来的茶，就算不上饮茶，我却不这么想。饮茶是日常茶饭的举止动作，其中蕴含着对家人、宾客冷暖的关切之情。正像千利休的教诲中所说："夏天使人凉爽，冬天使人温暖。"这才是饮茶的用心所在，不仅对待别人，就是对待自己，也应具有这种体贴安慰之心。（中略）

我愿意珍视并培育日本人日常身边之美。因为它在不久之后会成为联结着世界的美的。也愿意具有对丑的东西毫不可惜地加以铲除的眼光。日本已不是远东小小的孤岛，而是世界之中的日本了。这是我从去年访欧旅行中懂得的一点。（程在理译）

森田在文章里不断提到的茶室的要侧身而过的小门，那是源自千利休的创造。利休前仍是日本式的拉门，这从银阁寺东求堂的同仁斋就还能看得到。据说利休某日乘船，发现船舱的门很小，人们弯着腰出入，利休以为有趣，就将船舱门移到茶室，做成边长约七十几厘米的正方形入口，做法也是仿效船舱门的样子。我非常怀疑利休是受所谓"几世修得同船渡"说法的启发，暗示自此船舱门进去，主客即有"同船"的意味。可惜我还无从找出支持我的这一解释的证据。但利休至少是融进一种趣味在其中，不会是没来由地造此小门。并且，利休所设计的茶室茶庭茶具等，都是考虑到其整体感觉与相互之间的联系的，如我在前章所谈到的洗手池是作为人与自然的一个结合点。如果不管这些而随意改动小门，那无疑是轻率的。森田此文暴露了他对茶道的无知，这就是霍尔所说的明治初期作风的延续，但他在此时遇到一个问题，就是他本看不大上的茶道，何以反引起欧洲人的兴趣。因此森田做出考虑，以为日本可能也有日本的美。但他马上就把这种美引到衣食美女方面，更自鸣得意地指出，为了让除了红茶和咖啡别无所知的人们懂得末茶苦涩中的香，感到泡茶饮茶礼法中的新鲜魅力，应对茶道做出改造。他大概觉得这种赤裸裸要为外国人服务的念头还需要掩饰一下，才忙又扯出日本年轻人也不习惯跪坐了的话。事实上，他根本就没去想，如是为了喝一口茶，当年千利休何必要费这样大的力气。至于说以前美女是瓜子脸，现今喜欢的是大嘴笑的女人；那么，秀吉时代崇尚的黄金装饰不也是那时的潮流吗，秀吉的黄金茶室正是符合"自然流动"到那个时期的"新变化"，又何必去理会千利休呢？

森田终是不能懂得千利休的。但他有一个观点却不错，就是发展日本美，使之成为联结世界的美。

茶道在近代以来遇到两个大的难题。一是女性的参加并逐渐成为茶道的主导力量。二是如何面向日本以外的人解说茶道艺术。

近代以前，茶道基本是男性的世界，但现在参加茶道活动的则是以女性为主。而外国人参加茶道，也很早就开始了，所以里千家特意发明了立式茶会礼，后来还建起铺地毯的茶室。就我的思考而言，体会千利休之茶意，原有以茶接引的意思，所以无论是女性还是外国人，都不应该被拒绝。而这自然就会导致一种新的主客关系的产生。昔日千利休都慨叹不能以赵州为主，达摩为客，可见这种主客关系其实是茶道里最难把握的。

茶道在这百年间曾相应做出多种改革，也正是因为这些改革而引起川端康成的批评。说实在话，这些近代以来的改革是否可以说是成功，仍然是无法断定的事。因此我也不以为川端的话就是抱残守缺。我的意见，站和跪或坐都是次要的，既然跪有跪的一套，再发展出站的一套及坐的一套也不妨事。但关键还是在于主客关系的调整问题，对此，我的办法从旧，即：

　　　　逢女人杀女人，逢外国人杀外国人。

不过，我不主张对现代茶道过分否定。现代茶道至少保证了茶道能生存于今日社会。文洁若女士曾提到 1985 年她到日本茨城筑波科学城参观国际科学技术博览会的事，她说，在茨城县主办的茨城馆内：

　　　　占地面积九百平方米的日本式庭园，是用竹篱围起的，中间坐落着古色古香的双宜庵。这座一一五平方米的木造建筑，是茨城县造园建设协会副会长设计的。

　　　　筑波山由二峰构成，自万叶时代起，便以双宜山闻名于世。它象征着茨城风光旖旎的大自然。按说古老的茶道似与科学技术风马牛不相及，但日本人认为，茶道、花道都代表着传统的精神文明。

举办博览会的半年期间，这间茶室招待了将近五万游客。据说九月初的一个星期天，来参观博览会的达三十三万人，到此品茶者不下三千人。一半来客是初次进茶室，当然也包括我在内。据说闲雅的茶室体现了日本传统的美，而茶道的真髓在于"味苦而甘，堂朴而闲，庭隘而幽，交睦而礼"。

可能有人会指责双宜庵是仿古建筑，有人会说此处讲的"真髓"已距千利休的精神太远。我注意到文洁若所说"按说古老的茶道与科学技术风马牛不相及"的话，她的"按说"，只是"按中国人的说法"，或者"按现在中国人的说法"。其实，不同时代有不同时代的科学技术，不同时代有不同时代的古老文化，这两者不是从来就是共处的吗？就似织丰时代已有了洋枪，信长与秀吉不是也一边用着西式兵器，一边参与着已有百年以上历史的茶道吗？何独今人就不能在网络时代里去那草庵里饮一杯茶呢？我有些为"双宜"之名陶醉，其名虽是因山而取，因地而取，我更觉可作因时去解。

回到川端康成的那篇演讲。他说"雪月花时最怀友"是茶道的基本精神，如果果然这样简单，千利休又何必反复叮嘱弟子们去修行佛法呢？

我每读此文，心里都在为川端感叹，他没有能成为一位禅宗的悟者，所以说起禅宗总是外道。这是川端的遗憾。他仅围绕雪月花来立论，这使我想到此语的出处，白居易有《寄殷协律》诗：

> 五岁优游同过日，一朝消散似浮云。
>
> 琴诗酒伴皆抛我，雪月花时最忆君。
>
> 几度听鸡歌白日，亦曾骑马咏红裙。
>
> 吴娘暮雨萧萧曲，自别江南更不闻。

白诗里也有美人不归之叹。难道川端即是日本近代之白居易不成？若论川端对禅之理解，或与白香山恰在伯仲间。白称乐天居士，川端可以称悲天居士矣。

说到雪月花，有桩极有趣的事。川端引日本道元禅师与明惠上人的和歌：

道元：

> 春花秋月杜鹃夏，
>
> 冬雪皑皑寒意加。

明惠：

> 冬月拨云相伴随，
> 更怜风雪浸月身。

就在和他们相同的时代，有位中国僧人，杭州灵洞护国仁王禅寺的禅僧无门慧开刚好也作了那首禅意诗：

> 春有百花秋有月，
> 夏有凉风冬有雪，
> 若无闲事挂心头，
> 便是人间好时节。

我们把中国禅僧的诗与日本僧人的和歌，再与白居易之"雪月花"放在一起，这四首诗歌之比较，又可以给我们引出无数话题。但不知是属于川端还是属于后世茶人的失误，如果当日千利休也说到"雪月花"，那就应是与他的"夏天如何使茶室凉爽"的话相应的，是沿着无门慧开与永平道元的话来说的，而不大会是把白居易的诗用作茶道精神。

回到茶道的发展的话，我所以说"逢女人杀女人，逢外

国人杀外国人"，意是不管时风如何改变，不应随意改动千
利休的茶道精神。我们总当相信，时代固如寒来暑往而有古
今之别，不同时代皆有不同的欢乐；而在人的精神世界里，
则无论是东方或西方，也事实存在着超越时代的如雪如月如
花一样永久美好的内容。主观的雪月花与客观的雪月花，此
喜彼悦，交相辉映，这在任何时代里、任何文化里，都是人
的最高追求。在这最高追求面前，正所谓殊途同归，无论是
传统文化之再生，还是新文化的确立，其实都是如茶道之
"道"，用日本通常的解释，就是"路"而已。路不是目的，
目的是走下去。这即是我写作本书，参究茶道的最重要的心
得吧。

主要参考文献

《近松门左卫门·井原西鹤选集》，钱稻孙译，人民文学出版社 1987 年版。

［美］约翰·惠特尼·霍尔：《日本：从史前到现代》，邓懿、周一良译，商务印书馆 1997 年版。

《日本狂言选》，周作人译，国际文化出版公司 1991 年版。

《万叶集精选》，钱稻孙译，中国友谊出版公司 1992 年版。

《吾妻镜》，东京：吉川弘文馆 2000 年版。

［日］川端康成：《我在美丽的日本》，叶渭渠译，河北教育出版社 2002 年版。

周作人：《日本的诗歌》《日本的小诗》，载小说月报社编辑《日本的诗歌》，上海：商务印书馆 1924 年版。

黄新铭选注:《日本历代名家七绝百首注》,书目文献出版社 1984 年版。

李嘉:《蓬莱谈古说今》,吉林文史出版社 1986 年版。

滕军:《日本茶道文化概论》,东方出版社 1992 年版。

吴廷璆:《日本史》,南开大学出版社 1994 年版。

杨曾文:《日本佛教史》,浙江人民出版社 1995 年版。

《季羡林文集》第七卷《佛教》,江西教育出版社 1998 年版。

止庵:《俯仰集:止庵自选集》,上海文艺出版社 1998 年版。

吴平编:《名家说禅》,上海社会科学院出版社 2002 年版。

(清)黄遵宪:《日本国志》,上海古籍出版社 2001 年版。

覃启勋:《日本精神》,长江文艺出版社 2000 年版。

张中行:《禅外说禅》,中华书局 2006 年版。

李长声:《哈日本:二十年零距离观察》,中国书店 2010 年版。